셀프트래블

블라디보스토크

하바롭스크·이르쿠츠크

상상출판

셀프트래블
블라디보스토크

초판 1쇄 | 2019년 6월 24일

글과 사진 | 정승원

발행인 | 유철상
편집 | 이유나, 이정은, 김유진, 남영란
디자인 | 주인지, 조정은, 조연경
마케팅 | 조종삼, 최민아

펴낸 곳 | 상상출판
주소 | 서울시 동대문구 정릉천동로 58, 103동 206호(용두동, 롯데캐슬 피렌체)
구입 · 내용 문의 | **전화** 02-963-9891 **팩스** 02-963-9892
이메일 cs@esangsang.co.kr
등록 | 2009년 9월 22일(제305-2010-02호)
찍은 곳 | 다라니

※ 가격은 뒤표지에 있습니다.

ISBN 979-11-89856-20-5(14980)
ISBN 979-11-86517-10-9(set)

※ 이 도서의 국립중앙도서관 출판예정도서목록(CIP)은 서지정보유통지원시스템 홈페이지(http://seoji.nl.go.kr)와
국가자료공동목록시스템(http://www.nl.go.kr/kolisnet)에서 이용하실 수 있습니다. (CIP제어번호 : CIP2019021806)

www.esangsang.co.kr

셀프트래블

블라디보스토크

하바롭스크·이르쿠츠크

정승원 지음

상상출판

НАЦИОНАЛ
ПОКА ЖЕЛЕЗО ГОРЯЧО
•ЭТО ЕСТЬ НАШ ПОС-
ЛЕДНИЙ И РЕШИТЕЛЬ
НЫЙ БОЙ, С ИНТЕРНА-
ЦИОНАЛОМ ВОСПРЯ-
НЕТ РОД ЛЮДСКОЙ!
•ЛИШЬ МЫ, РАБОТНИКИ
ВЕЛИКОЙ, ВСЕМИРНОЙ
АРМИИ ТРУДА

КАРУСЕЛЬ
ТИР
инмарко

Prologue

『셀프트래블 블라디보스토크』의 초판을 낼 때는 아주 조금씩 블라디보스토크가 알려지기 시작했다. 개인적으로 모스크바와 상트페테르부르크의 매력에 푹 빠져 있었고 2018년 러시아 월드컵 개최가 확정된 상태여서, 모스크바를 비롯한 러시아 서부와 발틱 3국의 『셀프트래블』을 준비하고 있었는데, 정작 세상의 빛을 본 것은 러시아의 시베리아 지역, 블라디보스토크였다. 초판이 출간된 후 여러 출판사의 블라디보스토크 가이드북이 줄을 이었고, 이제는 제주항공을 비롯해 이스타, 티웨이 등의 저비용 항공사들이 취항을 하기 시작할 만큼 이 지역에 대한 관심은 뜨거워졌다.

개인적으로 박물관을 좋아하고 휴식형 여행보다 관광형 여행을 즐기는 데다, 러시아 여행은 모스크바와 상트페테르부르크에서 시작해 동쪽으로 이동한 터라, 내 생애 처음 **블라디보스토크**와 만났을 때 이 도시에 대한 호감도는 그리 높지 않았다. 하지만 가이드북 취재와 개인 여행 등으로 블라디보스토크를 드나들면서 이곳은 꽤 괜찮은 여행지로 분류되었고, "가까운 데 어디 갈 만한 곳 없어?"라는 질문에 서슴없이 "블라디보스토크 괜찮아."라는 말을 던지게 되었다. 특히 볼거리를 찾아 피곤하게 돌아다니기보다 가족들과 함께 바닷가를 산책하거나 발레, 서커스 같은 각종 공연들을 관람하고 킹크랩, 곰새우 같은 해산물들을 저렴하게 맛보면서 휴식을 취하고 싶은 사람들에게 주말 혹은 3~4일의 단기 여행지로 추천하기에까지 이르렀다. 자연을 사랑하고 트레킹을 좋아하는 사람에게는 제주도의 올레만큼 멋진 루스키 섬의 트레킹이 기다리고 있다는 점에서 더 매력적일 수 있다.

블라디보스토크의 후광에 가려 그 빛을 보지 못하는 **하바롭스크**는 "한국인이 덜 하면서도 가까운 휴식형 해외 여행지"를 찾는 사람들에게 꼭 추천하고 싶은 곳이다. 개인적으로는 하바롭스크가 훨씬 유럽스럽게 느껴지고, 아무르 강을 따라 호젓하게 걷다 예쁜 러시아 정교회 앞에서 사진을 찍고 붉게 물든 강변의 일몰을 바라보는 이 여행이 참 여유롭고 좋았기 때문이다. 하룻밤의 야간열차를 타고 블라디보스토크로 넘어간다면, 해산물 식도락 여행에 "시베리아 횡단열차"의 경험까지 겸할 수 있어 이보다 더 좋을 수 없다.

세상에서 가장 오래되고 가장 맑고 가장 깊은 호수, 바이칼 호는 자연을 사랑하는 여행객들이 꼭 한번 가보고 싶어 하는 곳이다. 태곳적 신비와 원시미를 갖춘 이곳은 마음의 평화와 새로운 시작의 "영험한 기운"을 얻는 곳으로도 여겨지는데, 바이칼 호수의 베이스캠프 격인 **이르쿠츠크**가 "시베리아의 파리"라 불릴 만큼 예쁜 건축물들을 자랑하는 만큼, 자연과 인류 문화가 선사하는 볼거리들은 어느 도시들 못지않게 쏠쏠하다고 할 수 있다.

이 책은 이 세 곳의 최신 정보들을 모아 새롭게 꾸민『셀프트래블 블라디보스토크』의 개정판이다. 초판에서는 러시아에 대한 막연한 두려움을 없애고 러시아어를 하나도 몰라도 전혀 문제없이 여행하는 방법과 기본 정보들을 전달하는 데 초점을 두었다. 여기에 개정판을 내면서 새롭게 떠오른 관광지와 맛집, 쇼핑 팁들을 상당 부분 더하고, 수정 변경된 사항들을 꼼꼼하게 반영하여, "지금 바로 이 때" 시베리아 지역을 여행하려는 사람들에게 꼭 필요한 실제 정보들을 한층 강화했다. 초판보다 한층 두터워진 만큼 더 많은 정보들이 러시아를 처음 만나려 하는 모든 사람들에게 든든한 인솔자 역할을 할 수 있길 기대해본다.

Thanks to

이 책이 탄생할 수 있도록 기회를 주신 상상출판의 유철상 대표님과 이유나 편집자님, 주인지 디자이너님께 감사를 드립니다. 무엇보다 이 책을 선택해 주신 독자 여러분, 즐거운 여행 되시고 늘 행복하세요.

2019년 6월 정승원

Contents

목차

Mission in Vladivostok • 46

Enjoy Vladivostok • 80

Irkutsk

Step to Vladivostok • 214

Self Travel Vladivostok
일러두기

❶ 주요 지역 소개

책에선 블라디보스토크를 중심으로 하바롭스크, 이르쿠츠크까지 극동 러시아와 시베리아 주요 지역을 다룹니다. 블라디보스토크에서는 블라디보스토크 시내와 항일 투쟁의 역사를 간직한 우수리스크를, 하바롭스크에 이어 이르쿠츠크에서는 바이칼 호수를 관광할 수 있는 알혼 섬, 리스트비얀카, 환 바이칼 열차를 소개합니다.

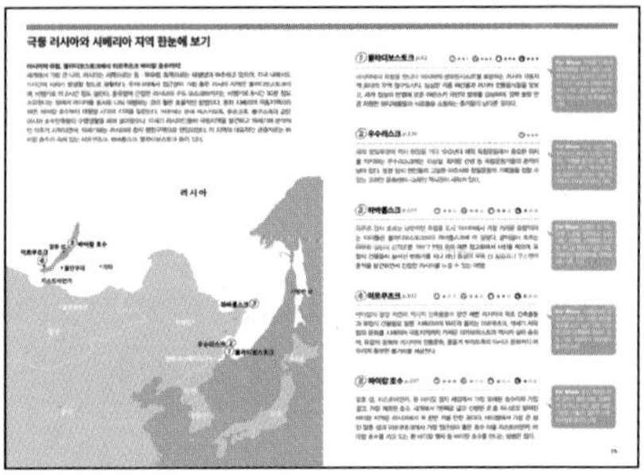

❷ 알차디알찬 여행 핵심 정보

Mission in Vladivostok

블라디보스토크에서 놓치면 100% 후회할 볼거리, 먹거리, 살 거리 등의 재미난 정보를 테마별로 한눈에 보여줍니다. 필요한 것만 쏙쏙~ 골라보세요.

Enjoy Vladivostok

블라디보스토크와 하바롭스크, 이르쿠츠크 지역의 주요 스폿을 소개합니다. 주소, 위치, 요금 등은 물론 유용한 Tip도 수록해 두었습니다.

Step to Vladivostok

블라디보스토크로 떠나기 전 꼭 필요한 여행 정보를 모았습니다. 러시아의 일반 정보, 출입국수속 짐 꾸리기, 기본 러시아어와 영어 회화 등을 실어 초보 여행자도 어렵지 않게 여행할 수 있습니다.

❸ 원어 표기

최대한 외래어 표기법을 기준으로 표기했으나 관광명소와 업소의 경우 현지에서 사용 중인 한국어 안내와 여행자들에게 익숙한 이름을 택했습니다. 주소나 이름을 인터넷으로 검색할 때는 알파벳을 입력하면 대부분 쉽게 찾을 수 있습니다.

해양공원 Sportivnaya Harbor | Спортивная набережная

❹ 정보 업데이트

이 책에 실린 모든 정보는 2019년 5월까지 취재한 내용을 기준으로 하고 있습니다. 현지 사정에 따라 요금과 운영시간 등이 변동될 수 있으니 여행 전에 한 번 더 확인하시길 바랍니다. 잘못되거나 바뀐 정보는 계속 업데이트하겠습니다.

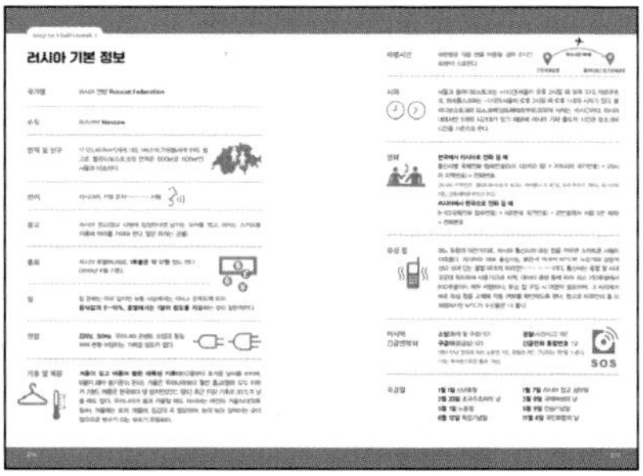

❺ 구글 맵스 GPS 활용법

이 책에 소개된 모든 관광명소와 식당, 숍, 숙소에는 구글 맵스의 GPS 좌표를 표시해 두었습니다. 스마트폰 앱 구글 맵스Google Maps 혹은 www.google.co.kr/maps로 접속해 검색창에 GPS 좌표를 입력하면 빠르게 위치를 체크할 수 있습니다. '길찾기' 버튼을 터치하면 현재 위치에서 목적지까지의 경로도 확인 가능합니다.

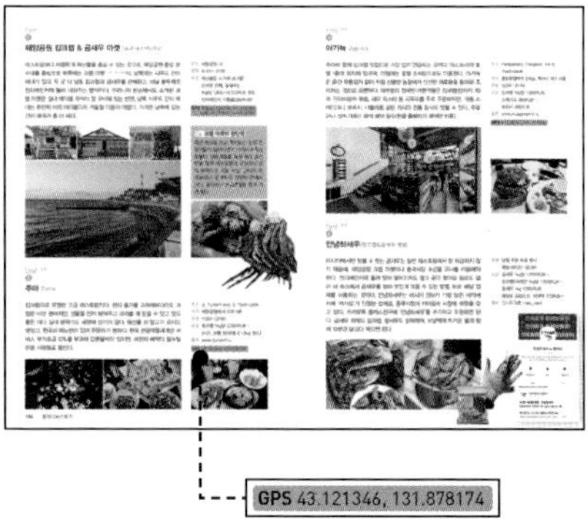

❻ 지도 활용법

이 책의 지도에는 아래와 같은 부호를 사용하고 있습니다.

주요 아이콘

- 관광명소
- 기타 명소
- Ⓡ 레스토랑, 카페 등 식사할 수 있는 곳
- Ⓝ 클럽, 바 등 나이트라이프를 즐기기 좋은 곳
- Ⓢ 쇼핑몰, 슈퍼마켓, 시장 등 쇼핑 장소
- Ⓑ 러시아식 습식 사우나 반야
- Ⓗ 호텔, 게스트하우스 등 숙소

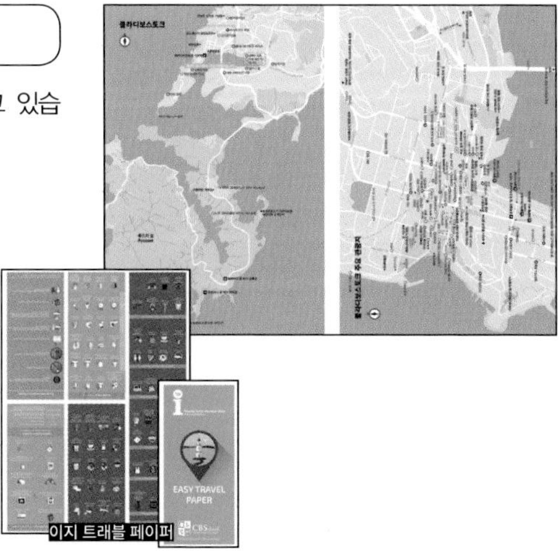

러시아 전도

핀란드
상트페테르부르크
Санкт Петербур
에스토니아
라트비아
리투아니아
벨로루시
모스크바
Москва
니즈니노브고로드
Нижний Новгород
키로프
Киров
카잔
Казан
예카테린부르크
Екатеринбург
노보시비르스크
Новосибирск
우크라이나
카자흐스탄
조지아
우즈베키스탄
키르기스스탄
터키
투르크메니스탄
타지키스탄
이란
아프가니스탄

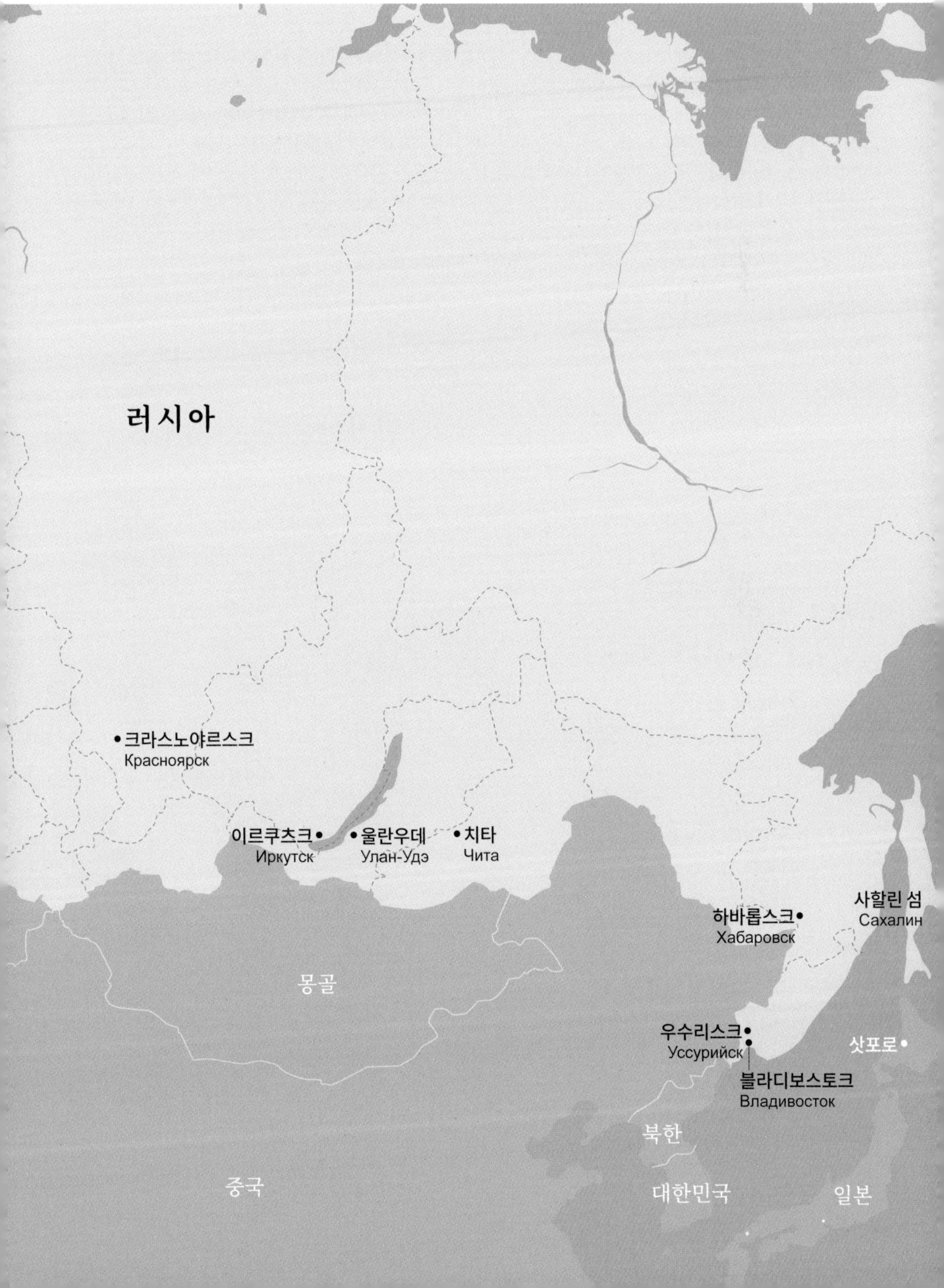
러시아
크라스노야르스크
Красноярск
이르쿠츠크
Иркутск
울란우데
Улан-Удэ
치타
Чита
사할린 섬
Сахалин
하바롭스크
Хабаровск
몽골
우수리스크
Уссурийск
삿포로
블라디보스토크
Владивосток
북한
중국
대한민국
일본

극동 러시아와 시베리아 지역 한눈에 보기

아시아의 유럽, 블라디보스토크에서 이르쿠츠크 바이칼 호수까지!

세계에서 가장 큰 나라, 러시아는 서쪽으로는 동 · 북유럽, 동쪽으로는 태평양과 마주하고 있으며, 자국 내에서도 11시간의 시차가 발생할 정도로 광활하다. 우리나라에서 접근성이 가장 좋은 러시아 지역은 블라디보스토크이며, 비행기로 약 2시간 정도 걸린다. 동유럽에 근접한 러시아의 수도 모스크바까지는 비행기로 9시간 30분 정도 소요된다는 점에서 러시아를 동서로 나눠 여행하는 것이 훨씬 효율적인 방법이다. 흔히 시베리아 극동지역이라 하면, 바이칼 호수부터 태평양 사이의 지역을 일컫는다. 이곳에는 본래 에스키모족, 투르크족, 퉁구스족과 같은 아시아 소수민족들이 수렵생활을 하며 살아왔으나, 17세기 러시아인들이 극동지역을 발견하고 18세기에 본격적인 이주가 시작되면서, 19세기에는 러시아의 정식 행정구역으로 편입되었다. 이 지역의 대표적인 관광지로는 바이칼 호수가 속해 있는 이르쿠츠크, 하바롭스크, 블라디보스토크 등이 있다.

① 블라디보스토크 p.82

📷 ★★☆ 🍴 ★★★ 🛍 ★★★ 🌙 ★★★

아시아에서 유럽을 만난다 '러시아의 샌프란시스코'를 표방하는 러시아 극동지역 최대의 무역 항구도시다. 싱싱한 각종 해산물과 러시아 전통음식들을 맛보고, 세계 정상의 반열에 오른 마린스키 극단의 발레를 감상하며, 깜짝 놀랄 만큼 저렴한 뷰티제품들과 식료품을 쇼핑하는 즐거움이 남다른 곳이다.

For Whom 주말을 이용해 해외여행을 하고 싶은 사람, 중국은 싫고 일본은 너무 많이 가서 새로운 여행지역을 찾는 사람, 많이 돌아다니지 않고 먹고 쉬는 데 중점을 둔 사람

② 우수리스크 p.130

📷 ★★★

해외 항일투쟁의 역사 현장을 가다 1910년대 해외 독립운동에서 중요한 위치를 차지하는 우수리스크에는 이상설, 최재형 선생 등 독립운동가들의 흔적이 남아 있다. 또한 당시 한인들의 고달픈 이주사와 항일운동의 기록들을 접할 수 있는 고려인 문화센터–고려인 역사관이 세워져 있다.

For Whom 먹고 노는 여행보다 보고 배우고 느끼는 의미 있는 여행을 즐기는 사람, 한국의 뿌리 찾기, 역사의 현장을 방문하기 원하는 사람, 아이들의 교육을 생각하는 사람

③ 하바롭스크 p.134

📷 ★★☆ 🍴 ★★☆ 🛍 ★★☆ 🌙 ★☆☆

아무르 강이 흐르는 낭만적인 유럽풍 도시 '아시아에서 가장 가까운 유럽'이라는 타이틀은 블라디보스토크보다 하바롭스크에 더 걸맞다. 굽이굽이 흐르는 아무르 강변의 산책로를 거닐고 언덕 위의 예쁜 정교회에서 사진을 찍으며, 유럽식 건물들이 늘어선 번화가를 지나 레닌 동상이 우뚝 선 광장에서 구소련의 흔적을 발견하면서 진정한 러시아를 느낄 수 있는 여행!

For Whom 유럽은 못 가도 유럽 느낌을 향유하고 싶은 사람, 강변을 산책하며 느긋한 휴식을 취하고 싶은 사람, 시베리아 횡단열차를 경험해 보고 싶은 사람

④ 이르쿠츠크 p.162

📷 ★☆☆ 🍴 ★★☆ 🛍 ★★☆ 🌙 ★☆☆

바이칼의 청정 자연과 역사적 건축물들의 향연 예쁜 러시아의 목조 건축물들과 유럽식 건물들로 일명 '시베리아의 파리'라 불리는 이르쿠츠크. 19세기 서유럽의 문화를 시베리아 극동지역까지 가져온 데카브리스트의 역사가 살아 숨쉬며, 유럽의 문화와 러시아의 전통문화, 몽골계 부랴트족의 아시아 문화까지 어우러져 풍부한 볼거리를 제공한다.

For Whom 시베리아에 대한 환상이 있는 사람, 바이칼 호수를 보고 싶은 사람, 다양한 문화 건축물에 관심이 있는 사람, 시베리아 횡단열차를 타는 사람

⑤ 바이칼 호수 p.197

📷 ★★★ 🍴 ★☆☆ 🛍 ★☆☆ 🌙 ★☆☆

알혼 섬, 리스트비얀카, 환 바이칼 열차 세상에서 가장 오래된 호수이자 가장 깊고, 가장 깨끗한 호수. 세계에서 7번째로 넓고 신령한 곳 중 하나로도 알려진 바이칼 지역은 러시아에서 꼭 한번 가볼 만한 곳이다. 바이칼에서 가장 큰 섬인 알혼 섬과 이르쿠츠크에서 가장 접근성이 좋은 호수 마을 리스트비얀카, 바이칼 호수를 끼고 도는 환 바이칼 열차 등 바이칼 호수를 만나는 방법은 많다.

For Whom 맑고 깨끗한 자연 경치가 좋은 사람, 조용하게 생각하고 쉬고 싶은 사람, 신령한 기(氣)가 필요한 사람, 트레킹을 즐기는 사람

Q&A

'러시아 갈까, 말까~' 궁금해요!

러시아 여행에 관해 자주 묻는 핵심 질문 9가지

1. 러시아는 안전한가요?

구 사회주의 국가에 대한 부정적 이미지와 스킨헤드(러시아 백인 우월주의자)에 대한 두려움 등으로 가장 흔하게 듣는 질문이다. 스킨헤드 범죄는 모스크바를 비롯한 러시아 서쪽 지역에서 주로 신고되며, 과거에 비해 많이 줄어드는 추세다. 하지만 관광지를 벗어나거나 으슥한 곳을 혼자 다니는 것은 어디에서나 위험하다. 특히 늦은 밤, 현지인들이 없는 곳을 지나다니는 일은 없도록 한다. 무엇보다 취객들을 조심해야 한다.

2. 여권 만료 6개월 전에 여권 재발급이 필요한가요?

일반적으로 해외여행 시, 여권 유효 기간은 만료일 6개월 전까지라고 명시돼 있다. 하지만 우리나라 외교부 홈페이지 비자 안내에 따르면, "러시아는 사증 면제 협정 대상으로 여권 유효 기간 내 체류 가능(협정상 체류 기간은 준수하여야 함)"하다고 나온다. 하지만, 검사원에 따라 문제가 된 경우도 있다. 가능하면 유효 기간 6개월 기준을 준수할 것을 추천한다.

3. 이런 경우도 여권 훼손에 포함되나요?

러시아는 출입국 심사 시 여권 훼손 여부를 꼼꼼하게 확인하고 있으며, 이에 따라 입국이 거절되는 경우가 종종 발생하고 있다. 여권 훼손은 신원정보 면에 얼룩이 있거나, 사증란이 절취된 경우, 공식적인 입 · 출국 절차와 관계없는 임의의 낙서가 있거나 기념 스탬프가 찍힌 경우 등이 포함된다. 이에 해당할 때는, 즉시 여권을 재발급받도록 한다.

4. 비자가 필요한가요?

러시아는 1회 입국 시 60일간 무비자로 여행할 수 있다. 하지만 입출국을 반복할 경우, 180일 이내 총 체류일은 90일을 초과할 수는 없다는 규정이 있다.

5. 입출국카드를 써야 하나요?

입출국카드는 입국심사 시 자동으로 발급되는데, 숙소 체크인이나 출국 시 이 카드가 반드시 필요하기 때문에 절대 잃어버리면 안 된다. 분실 시, 숙소 관계자에게 분실 사실을 알리고 이민국에서 재발급(경찰서에서 분실 신고서Police Report를 발급받아야 할 수도 있다)을 받아야 러시아 출국이 가능하다.

6. 거주지 등록은 꼭 필요한가요?

거주지 등록은 호텔, 호스텔 같은 정규 숙박시설에서는 직접 처리하기 때문에 개별적으로 신경 쓸 필요가 없다. 단, 에어비앤비 같은 개인 렌트 하우스에서 7일 이상 숙박할 경우, 집주인에게 거주지 등록을 요청해야 한다.

7. 영어가 안 통한다는데 어떻게 하나요?

숙소를 벗어나면 영어가 잘 안 통한다(숙소에서도 영어가 안 통하는 곳이 많다). 따라서 러시아 여행에서는 꼭 유심 칩을 구입해 구글 맵스, 구글 번역기 등을 이용해야 한다. 애플리케이션만 잘 다루면 큰 불편함은 없다.

8. 겨울에도 여행할 수 있나요?

지역에 따라 다르지만 영하 20도까지도 내려가 우리가 경험해보지 못한 추위를 겪게 된다. 하지만 '눈 덮인 시베리아의 겨울'에 낭만이 있는 사람, 바깥 이동보다 레스토랑, 쇼핑 등 실내 활동이 더 많은 일정(블라디보스토크 지역)이라면 강수량 적고 한적한 겨울도 나쁘지 않다. 단, 든든한 패딩 코트와 (털)모자, (털)목도리, (털)장갑, (털)부츠, 핫팩 같은 철저한 방한대비는 필수다. 실내는 가게 어디서나 과잉 난방으로 상당히 덥다.

9. 예산은 얼마나 잡을까요?

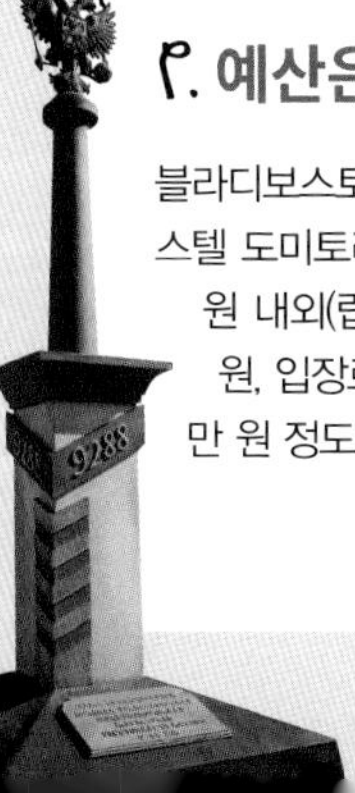

블라디보스토크의 경우, 비행기 요금은 최소 18만 원에서 40만 원까지 천차만별이다. 숙소의 경우, 호스텔 도미토리는 1박에 1만 5천 원 내외, 호텔은 1박 4~5만 원(3성급 트윈룸 1인당 기준), 한 끼에 1만 원 내외(랍스터는 1인 5만 원, 스테이크는 2만 원 정도), 시내 교통비 및 기타 비용으로 1일 1~2만 원, 입장료 및 공연 관람, 쇼핑은 계획에 따라 추가한다. 이렇게 할 때, 3박 4일은 항공료 외 25~50만 원 정도 예상하면 된다.

Best Plan

당신의 여행을 책임지는
시베리아 극동 러시아 추천 일정

크게 블라디보스토크를 중심으로 한 단기간 일정과 이르쿠츠크에서의 단 · 장기 일정, 블라디보스토크와 이르쿠츠크를 아우르는 시베리아 횡단열차 일정 세 가지를 소개한다. 도시 내 세부 일정은 지역별 개요에 상세하게 안내되어 있다.

블라디보스토크 중심 일정

주말을 이용한 2박 3일 블라디보스토크 일정(p.89 참조)은 시간이 없는 직장인들이 쇼핑과 맛집을 중심으로 여행할 때 고려해볼 수 있다. 여기서는 하루를 더해 우수리스크나 하바롭스크를 다녀오는 일정을 소개한다.

1 | 3박 4일 : 블라디보스토크와 우수리스크

1일
블라디보스토크 도착, 저녁 식사 및 휴식

▶

2일
시내 관광(낮), 마린스키 공연 관람(밤)

▼

3일
우수리스크 관광하기

▶

4일
루스키 섬 트레킹 혹은 노빅 컨트리클럽, 출국

Tip
일정 짜기 깨알 팁

① 일몰 보기 좋고 저녁 시간에도 북적이는 곳은 해양공원 일대다.
② 마린스키 공연 외에도 서커스, 블라디보스토크 필하모닉 홀 연주회 등이 있다.
③ 우수리스크행 기차는 오전 11시 출발한다. 그 전에 신한촌(p.98) 방문 추천.
④ 루스키 섬 트레킹은 3시간 정도 소요된다. 시간이 부족하다면, 노빅 컨트리클럽에서 산책 겸 점심 식사를 즐겨보자.

2 | 3박 4일 : 블라디보스토크와 하바롭스크

1일
블라디보스토크 도착,
야간열차 탑승

▶

2일
하바롭스크 관광,
야간열차 탑승

▶

3일
블라디보스토크 관광,
공연 관람

▼

4일
루스키 섬 트레킹 혹은
노빅 컨트리클럽, 출국

Tip

일정 짜기 깨알 팁

① 하바롭스크와 블라디보스토크로 각각 인/아웃을 잡는 것이 가장 효율적이지만, 하바롭스크로 인/아웃 항공편을 이용할 경우에도 야간열차를 이용해 블라디보스토크 1일 관광이 가능하다.

② 관광지는 오전 10시 이후 문을 열기 때문에, 너무 이른 시각보다 오전 9시 전후에 도착하는 열차 편이 좋다.

③ 알뜰 여행객이라면 3등실, 잠자리에 예민한 사람이라면 2등실을 선택하자. 1등실 요금이라면 비행기를 이용하는 것이 낫다.

④ 두 도시를 오가는 시베리아 횡단열차는 우수리스크에도 정차한다. 하루 정도 더 시간을 낼 수 있다면, 우수리스크에 들러 항일투쟁의 역사 현장을 돌아보는 것도 좋다.

이르쿠츠크 중심 일정

3박 4일로 이르쿠츠크를 방문하는 것은 그리 좋은 생각이 아니다. 이르쿠츠크의 하이라이트인 알혼 섬 방문이 불가능하기 때문이다. 알혼 섬이 아니어도 바이칼 호수만 보면 된다는 생각이라면, 리스트비얀카 당일 여행이 포함된 4일 일정(p.168 참조)을 참고하자.

1 | 5박 6일 : 이르쿠츠크 시내와 알혼 섬

1일
이르쿠츠크 도착,
저녁 식사 및 휴식

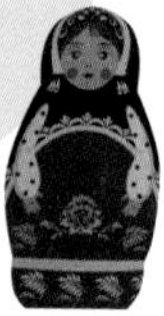

▶

2일
이르쿠츠크 시내 관광,
그린 라인 3시간 코스
(p.182)

▶

3일
알혼 섬으로 이동,
부르한 곶

▼

4일
알혼 섬 투어,
선셋 보트 투어

◀

5일
이르쿠츠크로 이동,
쇼핑

◀

6일
이르쿠츠크 출국,
한국 도착

Tip
일정 짜기 깨알 팁

① 한국에서 출발하는 비행기는 대체로 늦은 밤에 도착한다. 복귀 편의 경우, 대한항공, 러시아항공은 자정 무렵, 아시아나, S7은 오전 11시경에 있다.
② 알혼 섬행 버스는 보통 오전 9시경 출발해 오후 3시경 도착하는 것으로 계획하는 것이 좋다. 도착 후 투어를 신청하고, 부르한 곶을 다녀오면 된다.
③ 투어를 다녀오면 오후 5시경이다. 성수기에는 일몰을 볼 수 있는 선셋 보트 투어가 인기다. 비수기에는 운영 편이 거의 없으므로, 부르한 곶에서 일몰을 보면 된다.

2 | 8박 9일 : 이르쿠츠크 시내와 바이칼 완전 정복

1일
이르쿠츠크 도착,
저녁 식사 및 휴식

▶

2일
이르쿠츠크 시내 관광,
그린 라인 3시간 코스
(p.182)

▶

3일
알혼 섬으로 이동,
부르한 곶

▼

4일
알혼 섬 투어,
선셋 보트 투어

◀

5일
이르쿠츠크로 이동,
저녁 식사 및 휴식

◀

6일
환 바이칼 열차 탑승,
리스트비얀카로 이동 1박

▼

7일
리스트비얀카 관광,
호숫가 산책 등 휴식

▶

8일
딸찌 목조박물관 관람,
이르쿠츠크 쇼핑

▶

9일
이르쿠츠크 출국,
한국 도착

Tip
일정 짜기 깨알 팁

① 환 바이칼 열차는 관광열차와 일반열차 두 가지가 있다. 각각 운행일이 다르기 때문에 해당 열차에 따라 일정 변경은 필수다. 환 바이칼 열차는 사전 예약 필수.
② 관광열차는 비싸지만 중간 역에 정차해 사진 찍는 시간이 있고, 일반열차는 정차 없이 차창 관광만 가능하지만 요금은 월등히 싸다.
③ 관광열차를 이용할 경우, 포트 바이칼이나 리스트비얀카에서 좀 더 시간을 갖고 싶다면 가이드에게 양해를 구한 뒤 잔류하면 된다.
④ 리스트비얀카 일정은 체르스키 전망대, 해양 박물관, 바이칼 호 보트 투어, 호숫가 산책, 포트 바이칼 트레킹 등으로 잡는다.
⑤ 하루 정도 시간을 절약하려면 7일째 오전에 체르스키 전망대, 해양 박물관을 방문한 후 바로 딸찌 목조박물관으로 이동한다.

시베리아 횡단열차

시베리아와 극동지역을 제대로 여행하는 가장 좋은 방법은 시베리아 횡단열차에 탑승하는 것이다. 이르쿠츠크로 입국해 비행편이 많은 블라디보스토크에서 출국하는 것이 일정 잡기 편리하다.

1일
이르쿠츠크 도착, 저녁 식사 및 휴식

2일
이르쿠츠크 시내 관광, 그린 라인 3시간 코스 (p.182)

3일
알혼 섬으로 이동, 부르한 곶

4일
알혼 섬 투어, 선셋 보트 투어

5일
이르쿠츠크로 이동, 저녁 식사 및 휴식

6일
환 바이칼 열차 탑승, 리스트비얀카로 이동 1박

7일
리스트비얀카 관광, 호숫가 산책 등 휴식

8일
딸찌 목조박물관 관람, 이르쿠츠크로 이동 후 야간열차 탑승

9~10일
시베리아 횡단 열차

11일
하바롭스크 도착, 하바롭스크 야경

12일
하바롭스크 관광, 야간열차 탑승

13일
우수리스크 관광, 블라디보스토크 도착

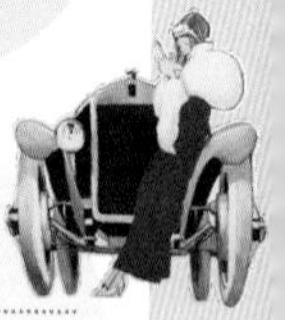

14일
블라디보스토크 관광, 공연 관람

15일
루스키 섬 트레킹, 노빅 컨트리클럽

16일
블라디보스토크 출국, 한국 도착

Tip

일정 짜기 깨알 팁

① 이르쿠츠크-하바롭스크 67시간, 하바롭스크-우수리스크 10시간, 우수리스크-블라디보스토크 2시간 30분 소요.

② 이르쿠츠크와 하바롭스크 구간 1, 2등실은 비행기 요금과 비슷하다. 3등실이 아니라면 비행기 추천(3시간 소요). 시베리아 횡단열차는 하바롭스크-블라디보스토크 구간에서 경험해보면 된다.

Try 1

기차 타고 아시아에서 유럽까지

시베리아 횡단열차의 모든 것

러시아 대륙을 가로질러 아시아에서 유럽으로 넘어가는 대장정 루트는 여행 마니아들에게 로망과도 같다. 블라디보스토크로의 접근이 용이해지면서 더욱 관심받는 시베리아 횡단열차. 시베리아 횡단열차의 A부터 Z까지 관련 정보와 숨은 노하우를 공개한다.

1. 시베리아 횡단열차란?

블라디보스토크에서 시베리아를 가로질러 모스크바까지 9,288km를 달리는 열차로 일주일가량 소요된다. 정차역 중 대도시로는 하바롭스크, 이르쿠츠크, 크라스노야르스크, 노보시비르스크, 옴스크, 예카테린부르크, 키로프 등이 있다.

2. 열차 종류

열차를 선택할 때 소요시간, 출도착 시간, 요금 등에 따라 고려하지만, 장거리 이동인 경우 열차시설도 고려대상이 된다. 대체로 열차 번호가 작을수록(0번에 가까울수록) 신형차량, 번호가 클수록(100번대를 넘어 뒤로 갈수록) 구형차량이다. 객차Coach 번호가 앞일수록 시설이 좋다는 말은 사실이 아니다.

3. 객실 종류

예산 및 개인 취향에 따라 1 · 2 · 3등실 중 하나를 선택한다. 1 · 2등실은 여성전용실을 선택할 수도 있다.

① 알뜰 배낭여행객들이 주로 이용하는 3등실

가장 저렴한 3등실은 개별 객실Compartment 없이 한 차량에 38개의 침대가 개방돼 놓여 있다. 한 블록마다 2층 침대 2개가 마주보고, 통로와 나란히 2층 침대 1개가 놓여 총 6명이 자리를 잡는다. 개방돼 있는 만큼 프라이버시는 보장되지 않지만 친구 사귀기에 좋다.

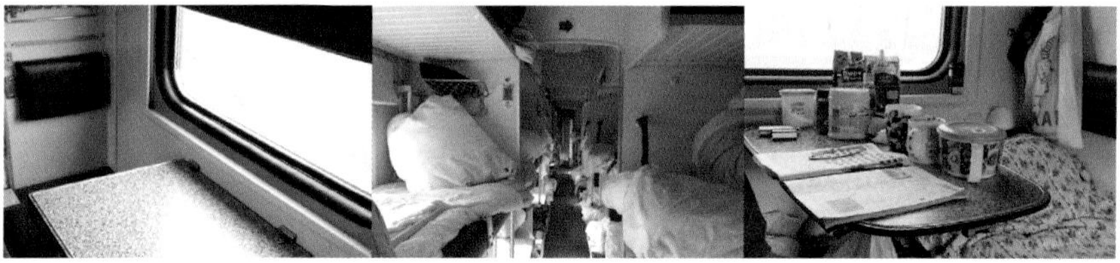

② 조용하고 쾌적한 2등실

한 객차 내 여러 개의 객실로 나눠져 있으며, 한 객실 내 총 4개의 침대가 상하로 놓여 있다. 3등실과 달리 상층 침대에 앉을 수 있을 만큼 공간이 넉넉하다. 객실 문을 닫을 수 있어 안전하고 프라이버시가 보장된다.

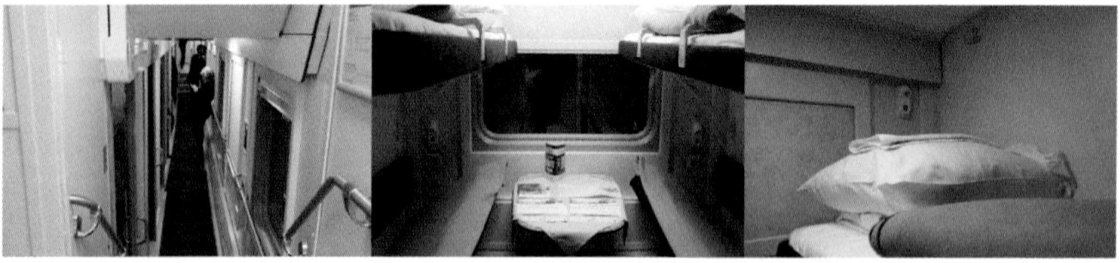

③ 단둘이 오붓하게 1등실

한 객실에 2개의 침대만 놓여 있어(위 2등실 사진에서 상층 침대가 없으면 1등실과 유사), 동행하는 상대방과 함께 오붓하게 쓸 수 있고 식사가 가격에 포함되어 있다. 시설 면에서는 장점이 크지만, 현지인과의 교류가 전혀 없고 요금이 비싸다는 단점이 있다. 장거리라면 비행기 이용이 더 낫다.

4. 열차 예약

러시아 철도청 영문 홈페이지(www.eng.rzd.ru)에서 출발 90일 전부터 예약 가능하다. 좋은 자리를 선점하려면, 여행 일정이 확정된 후 열차부터 예약하는 것이 좋다. 시베리아 횡단 열차는 모스크바 시간Moscow time과 출 · 도착지 현지 시간Local time 두 가지로 표기된다. 이티켓e-ticket에 명시된 시간이 어느 시간을 기준으로 한 것인지 반드시 확인해야 기차를 놓치는 일이 없다. 열차 탑승 시, 프린트를 하거나 휴대폰에 저장한 이티켓과 여권을 승무원에게 보여주면 된다. 러시아어로 쓰인 실물 기차 티켓을 기념으로 갖고 싶다면, 기차역 매표소로 가 이티켓을 보여주거나 티켓 자동판매기를 이용해 수령하면 된다.

2등실 객차 배치도(러시아 철도청 예약 홈페이지)

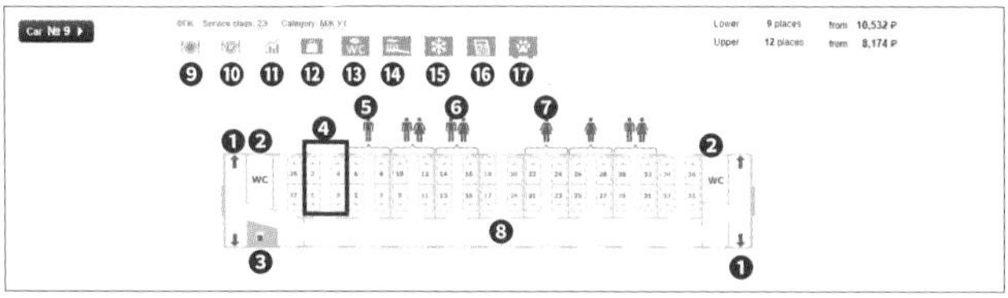

① 객차 출입문
② 화장실
③ 식수대
④ 4인용 컴파트먼트
⑤ 남성 전용 컴파트먼트
⑥ 남녀 혼용 컴파트먼트
⑦ 여성 전용 컴파트먼트
⑧ 복도
⑨ 식사 제공
⑩ 식사 판매 여부
⑪ 티켓 요금 변동
⑫ 스키장비 같은 대형 수화물 유료 허용
⑬ 바이오 화장실 유무
⑭ 세면도구 제공 여부
⑮ 여름 에어컨 작동 여부
⑯ 신문 제공 여부
⑰ 애완동물 동반 여부

3등실 객차 배치도(러시아 철도청 예약 홈페이지)

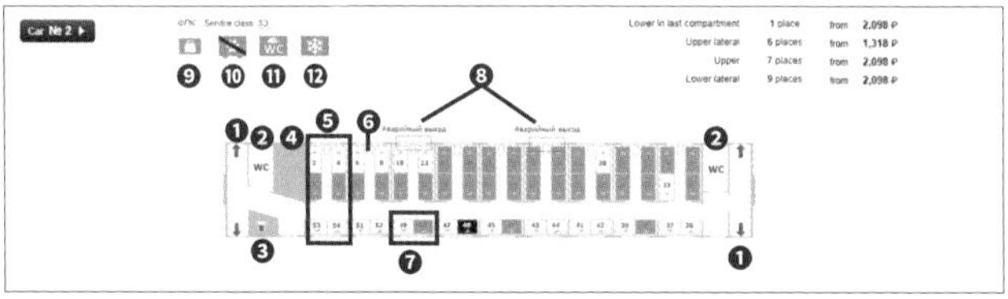

① 객차 출입문
② 화장실
③ 식수대
④ 승무원실
⑤ 1블록당 6인 침대 배치
⑥ 테이블
⑦ 통로 측(lateral) 침대
⑧ 비상구
⑨ 스키장비 같은 대형 수화물 유료 허용
⑩ 애완동물 동반 여부
⑪ 바이오 화장실 유무
⑫ 여름 에어컨 작동 여부

Tip

3등실 최고와 최악의 자리는 어디?

아래층은 움직임이 자유롭고 바로 옆에 테이블이 있어 편리하지만 낮에는 위층의 승객과 자리를 공유해야 한다. 위층은 온전한 내 공간을 확보할 수 있지만 오르내려야 하는 불편함이 있다. 특히 3등실의 위층은 앉아 있을 공간이 없어 누워서만 생활해야 하며, 낮에는 아래층 자리를 공유하거나 비어 있는 침대로 옮겨 다니며 메뚜기 생활을 해야 한다. 3등실의 경우 통로와 나란히 있는 2층 침대는 노출 면적이 넓어 프라이버시 보장이 전혀 안 된다. 결론적으로 편리함을 우선한다면 아래층이, '나만의 공간'을 우선한다면 위층이 낫다. 어쩔 수 없이 통로 측 침상을 써야 한다면, 스카프를 매달아 가림막으로 사용하는 것도 한 방법이다.

가장 중요한 최악의 자리 정보! 가장 늦게 팔리는 자리는 화장실 옆 통로 측 위 침대다. 드나드는 사람이 많아 매우 번잡하고 운이 나쁘면 화장실 냄새가 객실까지 넘어온다.

기차표 예약 화면(러시아 철도청 예약 홈페이지)

① 출발역
② 도착역
③ 출발날짜
④ 출도착 시간(Moscow는 모스크바 시간, Local은 현지 시간 표시)
⑤ 열차 번호
⑥ 소요시간
⑦ 정차역 및 정차 시간
⑧ 잔여 좌석 및 요금
⑨ 객차당 잔여 좌석 및 요금
⑩ 여름 에어컨 작동 여부
⑪ 바이오 화장실 유무
⑫ 애완동물 동반 여부
⑬ 스키장비 같은 대형 수화물 유료 허용
⑭ 식사 판매 여부

결제 전 개인 정보 입력 화면(러시아 철도청 예약 홈페이지)

5. 준비물

이르쿠츠크와 하바롭스크 구간을 이용할 계획이라면 탑승 전 철저한 준비가 필요하다.

반드시 필요한 것 뜨거운 물은 객실 내 항상 비치돼 있으므로, 물만 부으면 먹을 수 있는 컵밥(한국에서 미리 구입)이나 도시락 라면(현지 구입), 컵 감자 퓨레, 커피나 각종 차 티백 등을 준비하자. 그 외 식수와 군것질거리, 과일 등도 유용하다. 슬리퍼와 간단한 세면도구(1, 2등실은 제공되는 열차도 있다), 보조 배터리, 멀티 어댑터, 책이나 영화같이 시간을 보낼 만한 소일거리도 필요하다.

있으면 좋지만 없어도 그만인 것 화장실에서 머리까지 감기는 힘들기 때문에 드라이 샴푸를 사용하면 기름기는 완화할 수 있다. 하지만 개운함은 없다. 텀블러를 준비하면 좋지만, 승무원에게 빌릴 수도 있다. 물티슈나 티슈도 있으면 편리하다.

가능한 한 챙기지 말아야 할 것 김치다. 객차 안에서는 덥고 환기가 안 돼 작은 꼬마 김치 하나에도 얼굴 찡그리는 현지인이 많다.

컵 감자 퓨레

도시락 라면

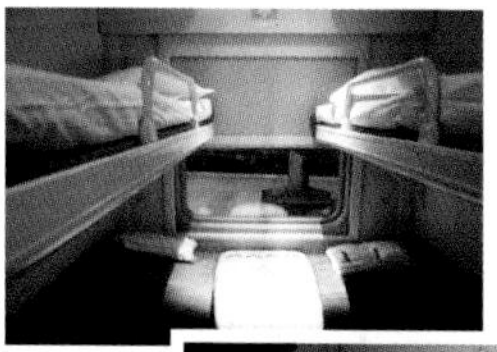

1층 침대 아래 수납공간

Tip

시베리아 횡단열차 이용하기

① 시베리아 횡단열차의 출·도착 시간은 모스크바 시간과 로컬 시간이 혼용된다. 이 티켓에 어떤 시간으로 명시돼 있는지 반드시 확인하고, 그에 맞춰 열차 출발 30분 전에는 반드시 기차역에 도착하도록 한다.

② 3등실의 1층 침대(의자)를 위로 들면 짐 넣는 공간이 있고, 2층 침대에는 침대 위에 있다. 2등실은 문 위에 짐 놓는 선반이 있다.

③ 홈페이지로 기차 예약 시 침구 시트와 타월은 무료로 포함돼 있다. 열차가 출발하면 승무원이 시트를 가져다주며, 하차 1~2시간 전에는 시트를 거둬 승무원에게 가져다줘야 한다.

④ 승무원실 앞에 온수통이 있어 언제든 뜨거운 물을 마실 수 있다. 컵은 승무원에게 빌릴 수 있으며, 시트 반납 시 컵도 반납해야 한다.

⑤ 승무원실 근처에 열차시간표가 있다. 각 역마다 정차하는 시간을 확인하고 시간이 넉넉한 경우 선로에 내려 바람을 쐬거나 근처 마트에서 장을 볼 수도 있다.

⑥ 화장실에서 간단한 세면은 가능하지만 머리 감는 것은 거의 불가능하다. 완벽하지는 않지만 아쉬운 대로 머리 기름기를 줄여주는 드라이 샴푸나 헤어티슈를 준비하는 사람도 있다.

⑦ 승무원에게 물어봐서 샤워실을 유료로 이용할 수 있다.

⑧ 1·2등실은 객실마다 콘센트가 비치되어 있지만, 3등실은 온수통 옆과 화장실 옆, 객실 내 2곳 정도 있다. 따라서 멀티 어댑터를 준비하면 유용하다.

⑨ 3등실 중에는 에어컨이 없는 칸도 있다. 예약 시 객차 정보를 꼼꼼히 살펴보고, 여름이라면 꼭 에어컨이 있는 칸을 예약하자. 겨울에는 어디나 난방이 잘된다.

⑩ 열차 정차 시 화장실은 사용 불가하다.

⑪ 러시아 철도청 애플리케이션은 시베리아 철도 여행자에겐 필수템이다. 예약 및 일정 관리, 각종 철도 정보를 한눈에 볼 수 있고 티켓 프린트도 필요 없다.

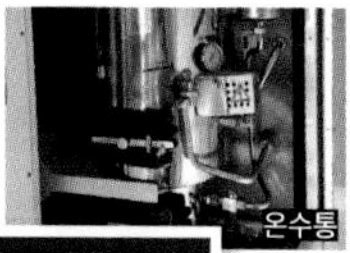
온수통

러시아 철도청 애플리케이션

3등실 통로측 침대 좌석(낮)

Try 2

두려움은 싹~ 안심, 든든!!

서바이벌 필수 애플리케이션

영어가 거의 통하지 않는 러시아에서 유심 칩은 선택이 아닌 필수다. 특히 똑똑한 여행 애플리케이션만 제때에 활용할 줄 안다면, 러시아어 한마디 못해도 걱정하지 않아도 된다.

1. 구글 맵스 & 맵스 미

내 위치에서 목적지까지 도보안내 서비스는 물론, 버스노선과 소요시간, 하차 정류장, 버스 요금까지 이동에 관한 모든 정보를 제공한다. 현재 위치에서 가볼 만한 관광지와 레스토랑, 해당 스폿에 대한 리뷰까지 검색할 수 있어 명실상부 최고의 애플리케이션이다. 데이터를 사용할 수 없는 경우를 대비해, 오프라인용 지도 맵스 미도 설치해 두자. 이때 여행 지역의 지도는 반드시 미리 다운받아 두어야 한다.

2. 2GIS

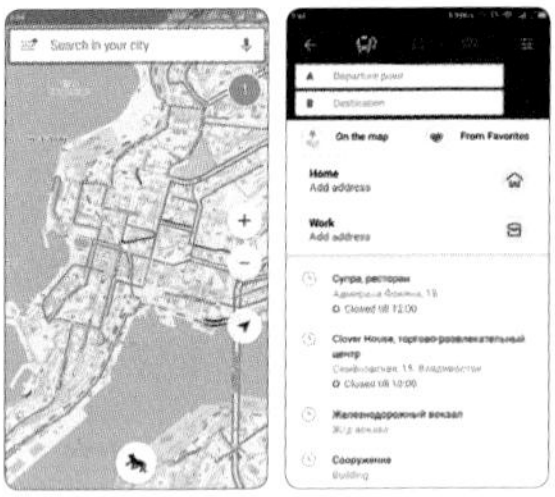

구글 맵스와 병행해서 쓰면 좋은 길 안내 애플리케이션이다. 러시아 지역에 최적화되어 있어, 대중교통 정보는 구글보다 더 정확하다(특히 우수리스크에서는 필수). 오프라인에서도 사용 가능하다는 장점과 기본메뉴 제목 외에는 모두 러시아어로 되어 있다는 단점이 공존한다.

3. 구글 번역기

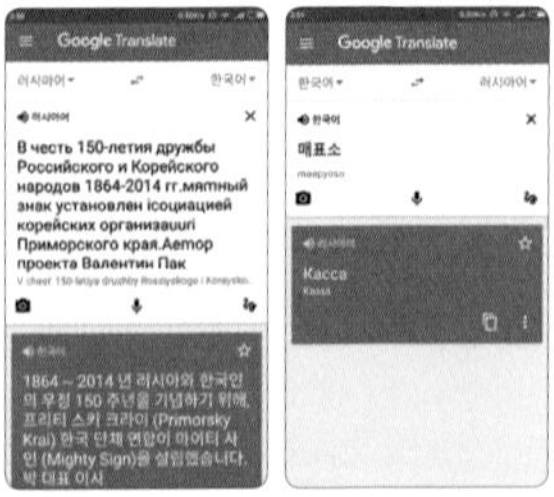

러시아어에서 한국어로 번역 설정만 해두고, 사진기 모양의 버튼을 터치한 후 러시아어에 대고 사진 찍듯 하면 한국어로 자동 번역된다. 매끄러운 번역은 아니지만, 대략적인 의미 파악은 가능하다. 한국어에서 러시아어로 번역을 설정하고 마이크 모양 버튼을 터치한 후 한국어로 말하면 러시아어로 음성 번역되는데, 간단한 문장으로 의사소통하기에 딱이다. 일반적인 한국어-러시아어 사전(단어 검색)으로서의 활용 가치 역시 높다.

4. 택시 애플리케이션

우리나라의 '카카오 택시'처럼 스마트폰으로 택시를 부르고 일반택시보다 저렴하게 이용할 수 있는 애플리케이션이다. 크게 얀덱스Yandex 택시와 막심Maxim 택시가 있다. 목적지까지의 요금이 뜨고 이동경로가 표시되므로 바가지 쓸 일도 없고 안전한 편이다. 사용방법은 p.40 참고.

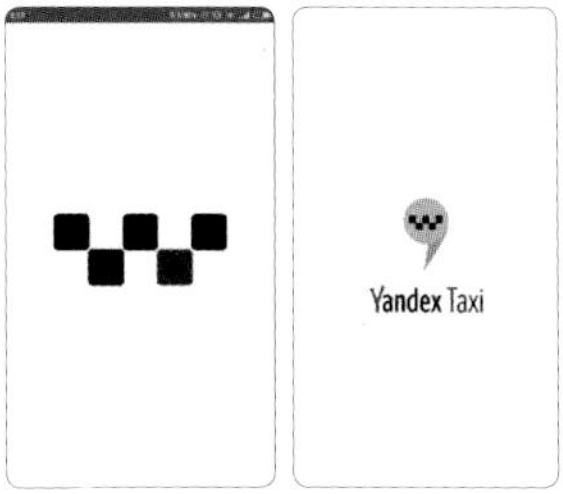

5. 러시아 철도청

시베리아 횡단열차를 이용할 사람들에게는 필수다. 러시아어, 영어, 중국어 중 하나로 설정할 수 있으며, 열차 시간 확인 및 예약, 이티켓 다운로드, 예약 취소, 리펀 등 모든 기능을 이용할 수 있다. 기차역 정보(로커, 휴게실, 무료 와이파이 유무 등) 및 실시간 열차 운행 상황도 체크할 수 있다.

6. 트립어드바이저

전 세계적으로 권위를 인정받는 여행 사이트로, 특히 맛집을 찾는 데 유용하다. 전 세계 여행자들의 후기 및 평점이 쌓여 순위가 정해지므로 개인 블로거 1인의 리뷰 평가보다 믿을 만하다. 네이버 맛집 정보에 의문을 갖는 사람들이나 러시아처럼 정보가 많지 않은 지역을 여행하는 사람들이 주로 이용한다.

7. 호텔 애플리케이션

본인이 자주 이용하는 호텔 애플리케이션을 다운 받아두자. 대체로 아고다(Agoda)나 부킹닷컴(Booking.com) 중 하나를 이용한다. 아고다는 모바일 애플리케이션 이용자들에게 추가할인을 제공하므로 특히 주목할 필요가 있다. 두 애플리케이션 모두 예약내역 확인 및 관리(취소, 변경 등)가 편리하고 숙소 지도를 터치하면 구글 맵스 등으로 연결돼 찾아가기에도 훨씬 수월하다.

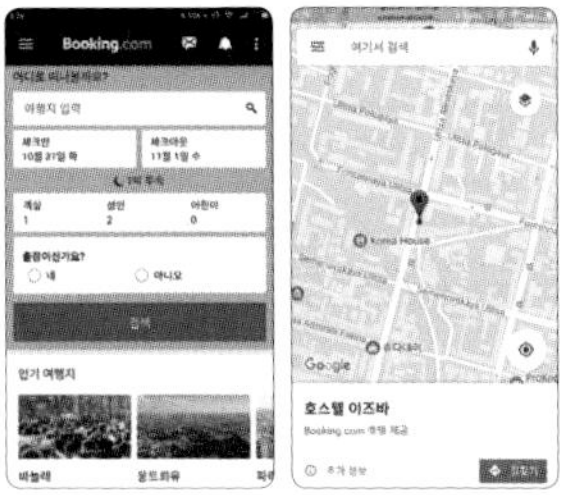

Try 3

바가지 없이 가고 싶은 곳을 내 마음대로

막심, 얀덱스, 겟 택시 이용방법

한국보다 요금이 훨씬 싼 러시아 택시. 하지만 말도 안 통하고 현지 물정 모르는 한국 관광객들에게는 딴 나라 얘기가 될 수도 있다. 하지만 막심Maxim, 얀덱스Yandex, 겟Gett 택시 애플리케이션만 잘 사용할 줄 알면 택시만큼 편한 것도 없다. 얀덱스 애플리케이션을 기준으로 이용방법을 알아보자.

1.

애플리케이션 스토어에서
얀덱스(혹은 막심)
애플리케이션을 다운받는다.

2.

애플리케이션을 열면
현재 위치(붉은 점)가
자동 표시된다. **Next 터치**
(승차 위치를 바꾸려면
Change Address 터치하고
탑승지의 주소 기입).

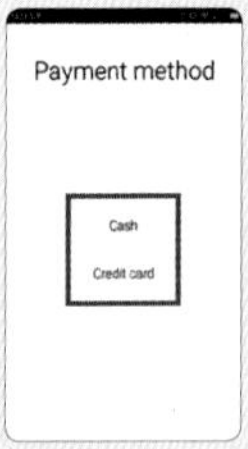

3.

지불방법(Payment Method)
을 묻는 창이 뜨면
현금(Credit) 혹은
신용카드(Card)를 선택.

4.

택시 주문을 위해
휴대폰 번호가 필요하다는
알림창에서 **Next 터치.**

5.

휴대폰 번호를 넣고,
Next 터치.

6.

SMS로 받은
코드 입력.

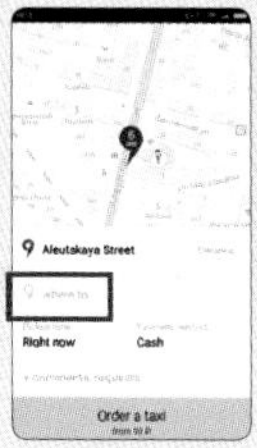

7.

로그인 후 다음 창에서 목적지를 넣기 위해 **Where to** 터치.

8.

목적지 주소(Destination Address) 칸에 **주소나 건물명**(예시: Clover House) 기입.

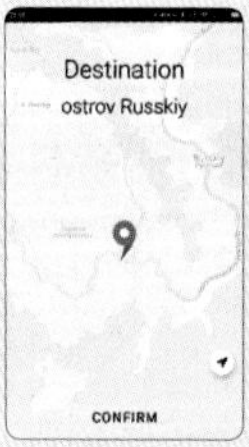

9.

목적지 주소를 모를 때는 Point on map을 터치한 후, **지도 위에 직접 목적지 지정.**

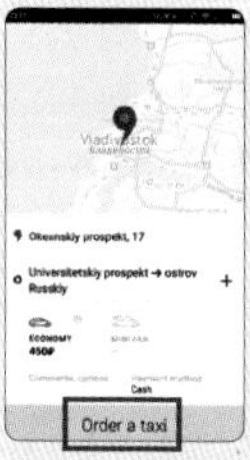

10.

출발지, 목적지, 예상금액 등의 내역 확인 후 **주문**(Order a Taxi) **터치**

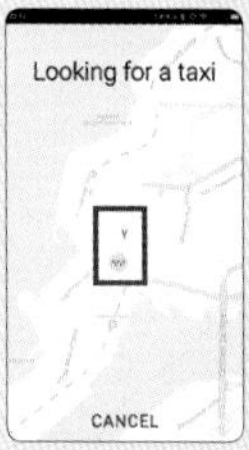

11.

택시를 찾는다는 창이 뜨고 내가 서 있는 지점이 붉은색 Y로 표시된다.

12.

택시가 잡히면, 택시 색깔과 기종, 번호판, 도착 예상시간, 택시 이동경로가 실시간으로 안내됨.

13.

'도요타(차종), 회색(차 색깔), T347MP(차 번호/번호판)' 정보가 애플리케이션에 뜨면 위와 같은 차가 내 위치로 오는데, 이때 손을 들어 잡아야 한다.

Tip

택시 사기를 주의하세요!

호출 시 막심 애플리케이션에 공지된 요금이 목적지 도착과 함께 수백 루블 상향되는 일이 가장 흔한 수법이다. 그 외 이런저런 이유를 대고 험악한 분위기를 조성하면서 돈을 뜯어내는 수법, 호출 정보와 다른 택시가 와서 "막심?" 하고 물으며 마치 자신이 호출한 그 택시인 양 손님을 태우는 수법, 카드 결제를 악용해 여러 차례 결제 처리하는 것 등이 대표적이다.

막심보다는 상대적으로 사고 빈도수가 덜한 얀덱스(Yandex)나 겟(Gett) 택시를 이용하는 편이 낫다. 또한 호출 후 공지된 요금을 캡처해 두고, 차량 정보와 정확하게 일치하는 차를 타야 한다. 카드 결제 문제는 애플리케이션을 통해 서비스 센터에 신고하면 큰 문제 없이 해결할 수 있다.

Try 4

저렴하고, 정확하고, 컨디션 좋은
이르쿠츠크 공영 시외버스 예약방법

알혼 섬이나 리스트비얀카, 딸찌 박물관, 슬류단카나 쿨툭(환 바이칼 열차 탑승 시) 등을 갈 때 사설버스보다 저렴하고 출발시간이 정확하며 컨디션도 좋은 공영 시외버스가 여러모로 더 낫다. 러시아어를 하나도 몰라도 3분이면 홈페이지로 좌석예약을 할 수 있다. 따라만 하면 다 된다!

1\. 스마트폰에서 구글 크롬 애플리케이션을 작동시킨다.

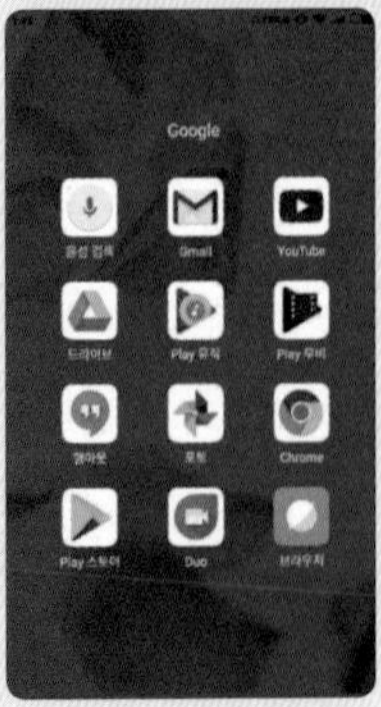

2\. 구글 크롬 브라우저에서 이르쿠츠크 공영 시외버스 터미널 홈페이지(www.avtovokzal-online.ru)로 들어간다.

3\. 하단에 구글 번역 아이콘, 러시아어, 한국어 글자가 뜨면 한국어를 터치한다. 해당 사이트가 한글로 자동 번역된다.

4\. 출발 지점 선택에서는 'IRKUTSK(버스 정류장)', 도착 지점 선택에서는 'HOUSE(매표소) OLKHON' 터치. 출발일/출발 시간을 지정한 후 '버스편 찾기' 터치.

5.

예약내역 확인 화면으로 넘어가면 출발지, 도착지, 출발 날짜와 시간을 다시 한 번 확인하고 맞으면 '위치 선택' 터치.

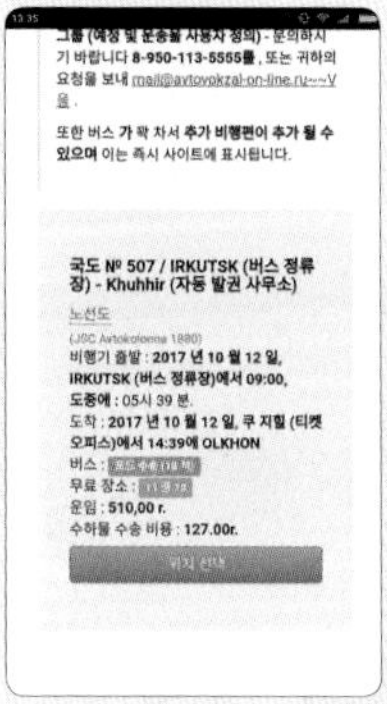

6.

좌석 선택 화면으로 넘어가면 원하는 좌석 터치. 16인승 버스일 경우, 1, 2, 3번 좌석 (운전자 뒷좌석)은 역방향이다.

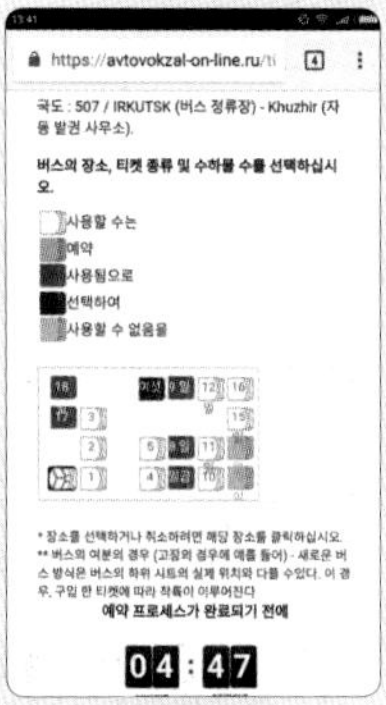

7.

좌석을 지정하면 붉은색으로 변하면서 티켓 종류 (성인 혹은 아동)와 유료 수화물 신청 칸으로 넘어간다. 체크하고 '확인' 터치.

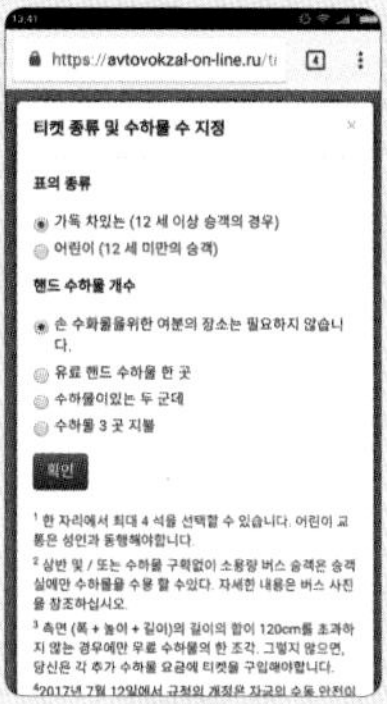

8.

좌석 지정 칸 아래로 페이지를 내려, 러시아 휴대폰 번호를 입력. 그 아래 예약내역을 재확인한 후 '지금 예약하기' 터치.

9.

'내 주문' 창으로 넘어가면 입력했던 전화번호를 다시 한 번 확인하고 만약을 대비해 주문번호를 캡처해 놓거나 메모를 해놓는다 (주문번호를 알아야 터미널에서 실물 티켓을 받을 수 있기 때문).

10.

녹색의 '이용약관에 동의하고 지불하십시오' 칸 터치, '비자 혹은 마스터카드' 터치한다.

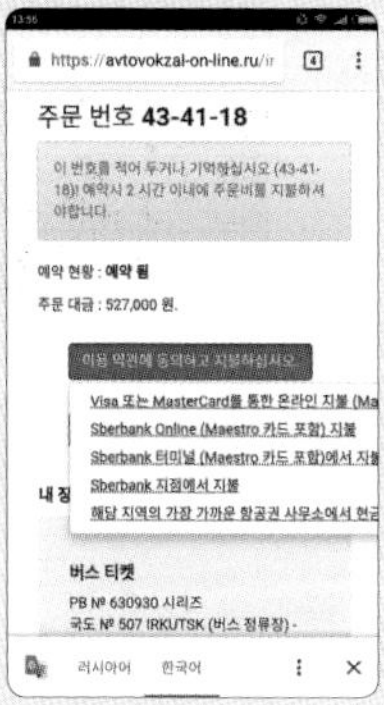

11.

결제창이 뜨면 카드 번호, 카드 유효기간, 카드 뒷면에 있는 보안번호 3자리, 카드 앞면에 적힌 영문 이름을 기입한 후 '지금 지불' 터치.

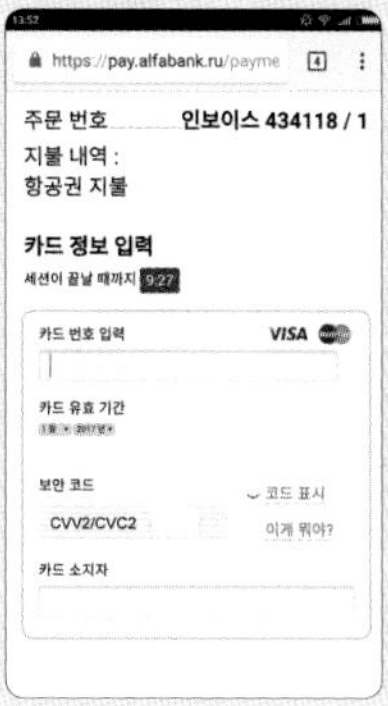

12.

결제가 끝나면 주문번호가 찍힌 문자가 도착한다. 출발시간 30분 전 터미널 매표소에 가서 문자를 보여주면 실물 티켓으로 바꿀 수 있다.

Try 5

구글 크롬 vs. 구글 번역기

러시아어 까막눈이 정보 얻는 법

러시아어를 몰라도 '구글 크롬 브라우저'와 '구글 번역 애플리케이션'만 잘 이용하면 웬만한 정보는 얻을 수 있다. 한 단계, 한 단계, 차근차근 따라해보자.

구글 크롬 브라우저

1. 구글 크롬 브라우저를 설치한다.

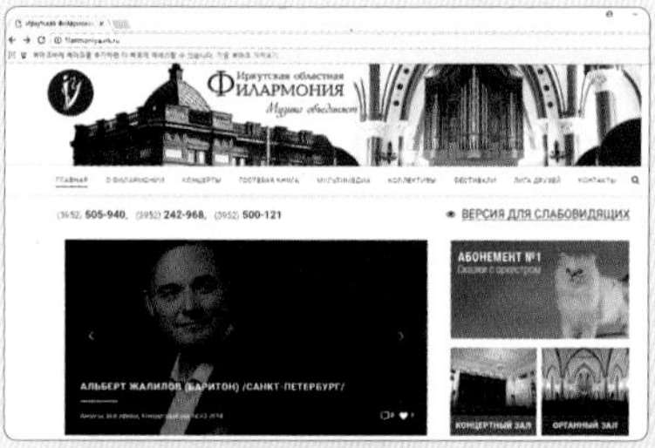

2. 러시아어 홈페이지를 연다.

3. 주소창 오른쪽, 구글 번역 아이콘을 클릭하여 '번역' 버튼을 누른다. 스마트폰의 경우, 맨 아래 구글 번역 변환창이 뜨면 '한국어'를 터치한다.

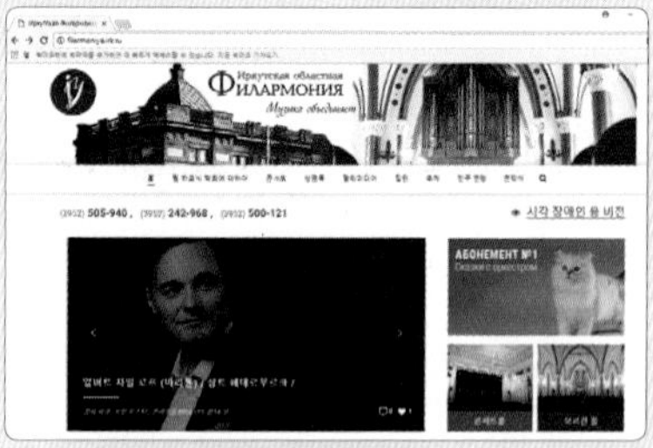

4. 한글로 자동 번역된다.

구글 번역 애플리케이션

1.

포털 사이트나 앱 스토어를 연다.

2.

구글 번역 애플리케이션을 스마트폰에 설치한다.

3.

출발어를 러시아어로, 번역 후 도착어를 한국어로 설정한다. 사진기 아이콘을 터치한다.

4.

카메라 화면에 번역하려는 러시아어 텍스트를 담은 후 붉은색 촬영 아이콘을 터치한다.

5.

'손가락으로 텍스트 강조 표시' 문구가 뜨면 아래쪽 '모두 선택'을 터치한다.

6.

한글 번역이 완료된다.

Mission in Vladivostok

블라디보스토크에서 꼭 해봐야 할 모든 것

Mission 1

먹고, 즐기고, 힐링하는
극동 러시아, 시베리아 하이라이트

무섭고 뭔가 경직되어 있을 것 같다는 선입견을 버리자. 드넓은 러시아 땅에서도 유럽과 뚝 떨어진 혹한의 극동지역에 뭐 변변한 게 있겠는가, 단정 짓지도 말자. 시베리아 극동지역으로 떠나야 할 이유는 수없이 많다.

1 | 천혜의 자연환경

세계 최고의 청정지역 바이칼 호수와 러시아판 올레길을 즐길 수 있는 루스키 섬

2 | 맛 좋은 러시아 음식

우리 입맛에도 잘 맞는 러시아 전통음식부터 풍부한 해산물, 저렴한 디저트까지

3 | 구소련의 문화유산

책과 뉴스로만 봐 왔던 공산주의, 사회주의의 문화적 유산을 내 눈으로 생생하게~

4 | 러시아의 다채로운 건축문화

유럽의 성당들과 전혀 다른 정교회와 러시아 전통 목조 건물, 19세기 유럽식 건물들이 한곳에!

5 | 한민족의 역사적 흔적

연해주에서 우리 조상들의 핍박받던 삶과 독립 운동가들의 행적을 좇아가며 한국인의 자긍심 느껴보기

6 | 재미와 감동의 공연 감상

러시아의 자랑, 국립 마린스키 극장 공연부터 누구에게나 흥미로운 러시아 전통 서커스까지

7 | 열차 타고 시베리아 횡단하기

열차에서 먹고 자고 수다 떨고 멍 때리며, 시베리아 초원지대를 가로지르는 독특한 경험

8 | 시베리아의 독특한 겨울

영하 20도까지 이르는 혹한지역에서 또 다른 삶의 모습들을 발견하는 재미

9 | 부담 없는 쇼핑의 세계

우리나라에서 그렇게도 비싼 것이 어쩜 이렇게도 쌀까. 품질까지 우수한 식료품, 뷰티제품의 천국

10 | 결국은 사람이다

무뚝뚝해 보여도 순박하고 정 많은 러시아 사람들. 생각을 나누고 시간을 공유했던 여행자들과의 만남

먹고 먹고 또 먹고~
러시아에서 꼭 먹어봐야 할 음식들

다양한 민족으로 구성된 나라인 만큼 유럽, 중앙아시아, 동아시아의 전통음식이 혼재되어 있어 우리에게도 거부감 없는 러시아의 음식들. 입맛대로 골라먹자!

오물
Omul(омуль)
바이칼 지역에서 나는 연어과의 민물생선으로, 숯불에 구워 먹으면 꽁치 맛이 난다

곰새우
Sclerocrangon
(Шримс медвежонок)
8~11월에 잡히는 새우로, 블라디보스토크 여행자들의 넘버원 메뉴

치킨 키예프
Chicken Kiev
(Куриный Киев)
버터를 바른 닭고기에 빵가루를 입혀 튀긴 러시아식 치킨 커틀릿

나폴레옹 케이크
Napoleon Cake
(Наполеон)
나폴레옹의 러시아 원정 실패를 기념해(?) 만들어진 전통 디저트로, 밀푀유와 비슷하다

보르시
Borscht(борщ)
진한 육수에 붉은색 무, 비트를 넣은 수프. 사워 크림을 넣으면 더욱 부드러운 맛이 난다

펠메니
Pelmeni(пельмени)
고기로만 속을 채운 동유럽식 만두. 극동지역에서는 부즈Позы라고 부른다

소고기 스트로가노프
Beef Stroganoff
(бефстрóганов)
소고기 볶음에
사워 크림 소스를 곁들인 요리

피로그
Pirog(пирóг)
러시아식 파이로,
식사용은 안에 고기류를 넣고
디저트용은 과일잼을 넣는다

힌깔리
Khinkali(Хинкали)
조지아식 만두로, 펠메니와
맛은 비슷하다. 손잡이로
쓰이는 꼭지는 먹지 않는다

블리니
Blini(блины)
메밀가루로 만든
러시아식 팬케이크.
'블린'이라고도 불린다

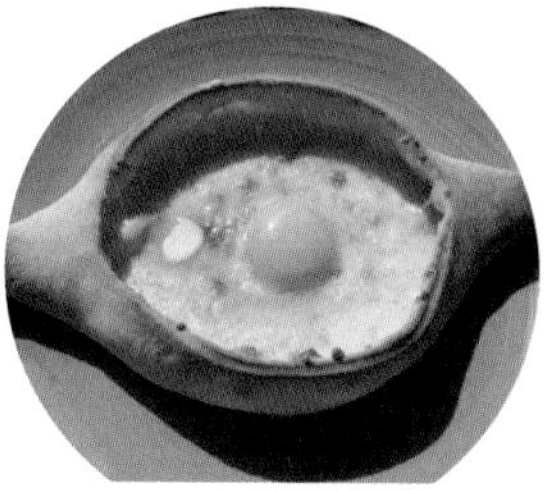

하차푸리
Khachapuri(Хачапури)
조지아식 치즈 피자로,
계란을 곁들이는 것이 특징

샤슐릭
Shashlik(Шашлык)
양념고기를 꼬치에 끼워
숯불에 구운 러시아식 바비큐

올리비에
Olivier(Оливье)
감자에 각종 야채를 넣고
마요네즈로 버무린 샐러드

보드카
Vodka(водка)
알코올 도수 40도 이상의 증류주.
스트레이트보다 주로 칵테일로
많이 마신다

모르스
Mors(морс)
크랜베리와 링곤베리로 만든
새콤달콤한 과일 주스

꼭 한번 마셔보고 싶은~

러시아의 대표 맥주, 발찌까

발찌까Baltika는 러시아 맥주시장의 부동의 1위를 차지하고 있는 대표 맥주다. 상트페테르부르크에 본사가 있으며 하바롭스크에도 양조장이 있다. 러시아에서는 밤 10시 이후 주류를 판매하지 않는다.

(#과 숫자는 맥주의 고유번호)

#0 무알코올 맥주 전통적 맥주 맛의 무알코올 음료
#2 페일 맥주 도수 4.7%의 가볍고 순한 맛이 특징
#3 클래식 맥주 도수 4.8%의 러시아에서 가장 인기 있는 맥주
#4 오리지널 맥주 도수 5.6%의 다크 라거. 발찌까 프리미엄 라인 중 하나
#6 포터 맥주 최고급 홉과 특수 효모를 이용한 도수 7%의 프리미엄 맥주
#7 엑스포트 맥주 도수 5.4%의 프리미엄 라거 맥주
#8 밀 맥주 풍부한 거품과 부드러운 과일 향의 도수 5% 맥주
#9 스트롱 맥주 도수 9%의 센 맥주

한국보다 저렴하게~
블라디보스토크에서 해산물 즐기기

한국보다 3분의 1 정도 저렴한 가격에 맛볼 수 있는 킹크랩, 쫄깃함과 감칠맛이 킹크랩보다 더 낫다는 곰새우, 가성비 최고의 왕새우까지, 예산과 입맛에 따라 똑똑하게 선택하고 맛있게 먹어보자.

1 | 킹크랩 레스토랑

가장 유명한 곳은 역시 **주마**(p.104)와 **아가뇩**(p.105)이다. 그 외 해양공원 북단 끝에 위치한 **삐야띠 아께안** Pyatyy Okean(한국 방송에 소개된 후 방문객이 급증했다), 아르바트 거리에 있는 **스보이** SVOY도 많이들 방문한다. **한식당 명가, 신라**에도 킹크랩은 판매한다. 현지인들은 킹크랩을 '캄차카 게'라고 부른다.

삐야띠 아께안

스보이

2 | 곰새우는 어디서?

일반 레스토랑에서는 곰새우를 판매하지 않는다. **해양공원 크랩 마켓**(p.104)이나 **중국시장**(p.125), 카마로바 시장 수산물 코너에서 구입해 먹어야 한다. **안녕하새우**(p.105) 같은 배달업체를 이용할 수도 있다. 공항에도 시푸드 마켓이 있어 한국으로 구입해 올 수 있는데, 가격은 시내보다 비싸다.

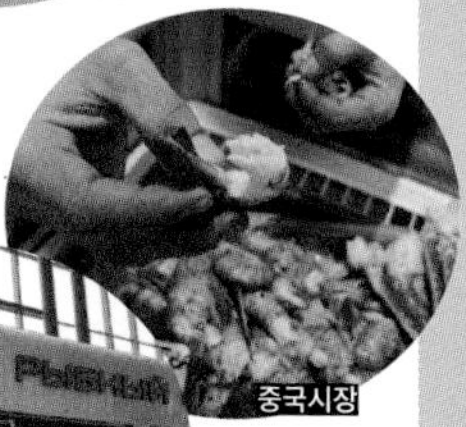
중국시장

공항 시푸드 마켓

3 | 시장표 해산물 먹는 방법

시장에서 구입해 먹는 해산물들은 한 번 쪄서 냉동 후 판매하는 것이다. 따라서 다시 찌거나 전자레인지에 돌릴 때 너무 오래 조리하면 살이 질기거나 퍽퍽해진다. 숙소 배달의 경우, 냄비나 보냉팩에 해산물을 담고 팔팔 끓는 물을 넣어 10분간 데우면 된다.

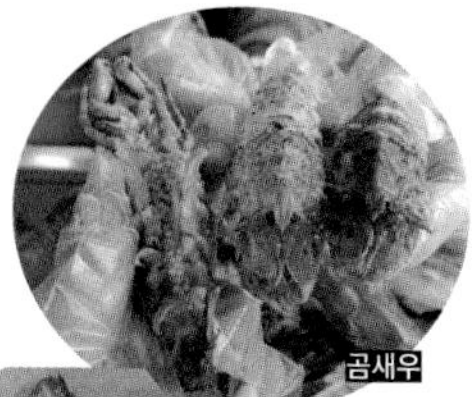
곰새우

4 | 국내로 가져온다면

수산물 특성상 비린내가 나기 때문에 랩과 신문지 등으로 여러 번 꼼꼼하게 포장하는 것이 중요하다. 반드시 보냉팩이 필요하며, 비행기 내로 반입 가능하다(무게 제한에 포함되지 않음).

킹크랩

맛있는데 가격까지 저렴
이건 꼭 사야 해! 식품 편

주부가 아니어도 정말 꼭 사야 한다! 러시아가 원산지인 식료품이나 국민 먹거리의 가격은 한국보다 월등히 저렴한데 품질도 훌륭하다. 살 수 있는 만큼 사 오자.

차가버섯
항암효과에 탁월.
가격은 매우 저렴
Where 블라디보스토크 주말시장, 약국(분말, 진액)

캐비어
세계 3대 진미 중 하나인
철갑상어의 알(검은색)
(붉은색은 연어알)
Where 슈퍼마켓

벨루가
푸틴 대통령이 즐겨
마신다는 프리미엄 보드카
(1병만 면세)
Where 슈퍼마켓, 와인 랩

각종 티
고퀄리티의 홍차부터
향긋한 허브티까지
Where 슈퍼마켓

알론카 초콜릿
1965년 탄생한
러시아의 국민 밀크 초콜릿
Where 슈퍼마켓

꿀
가짜가 없다. 벌집이 든
꿀에서 프로폴리스까지
Where 재래시장, 슈퍼마켓

러시아산 견과류
품질 좋은 잣부터 심심풀이
해바라기 씨, 헤이즐넛까지
Where 슈퍼마켓, 재래시장

발라먹는 치즈
치즈 덕후들이 선택한
바로 이 맛! 호클랜드 치즈
Where 슈퍼마켓

유명 인스턴트 커피
독일 야콥스, 프랑스 까르트
누아르를 저렴하게
Where 슈퍼마켓

☆

식품 쇼핑 Tip 1

차가버섯, 잘 사고 잘 먹는 법

탁월한 항암 효과로 유명한 차가чага는 건강을 생각하는 사람이라면 선택이 아닌 필수다! 차가버섯 중에서도 가장 품질 좋기로 유명한 시베리아산 차가. 어디에 좋은지, 어떤 제품을 사서 어떻게 먹어야 할지, 차가에 대한 모든 것을 소개한다.

1 | 차가버섯 효능

흔히들 알고 있는 항암 효과와 면역력 강화가 다는 아니다. 베타글루칸 성분은 동맥경화, 고혈압, 당뇨 같은 성인병에도 우수한 효과를 보인다. 그 외에도 만성위염, 위궤양, 아토피를 비롯한 피부 염증 완화 등에도 효과가 있다.

2 | 차가버섯 제품 종류

자작나무에 기생하는 차가버섯은 여느 버섯들과 달리 겉은 검은색, 안은 황갈색을 띤 단단한 덩어리다. 이러한 **차가버섯 원물**은 음용 방법이 복잡해, 대부분 먹기 좋고 간편한 **분쇄 분말**이나 **진액(베푼긴)** 형태를 구입한다. **엑기스 분**말Chaga Extract은 가격이 비싸지만 적은 양으로도 오래 먹을 수 있고 운반하기 가볍다는 장점이 있다.

3 | 차가버섯 구입처

원물은 재래시장에서, 분쇄 분말이나 진액 제품은 일반 약국(러시아어로 '압제까аптека'라고 하며, 녹색 십자가가 달려 있어 눈에 잘 띈다)에서 구입한다. 엑기스 분말은 블라디보스토크의 경우, 프리모르스키 허니와 제주항공 트래블 라운지 등에서 구입 가능하다.

© Arto J

자작나무의 차가버섯

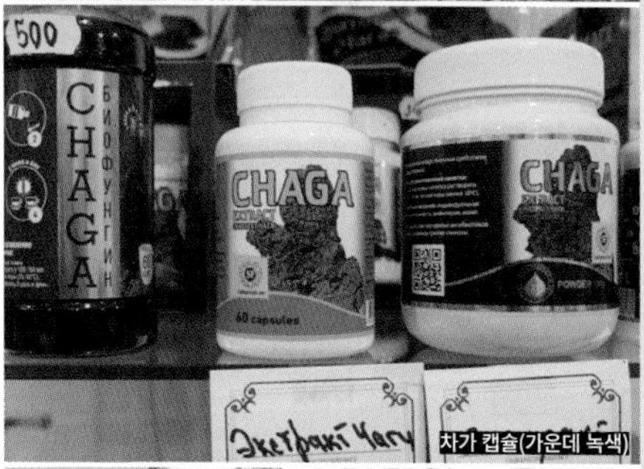

차가 캡슐(가운데 녹색)

약국

4 | 차가버섯 주의점

① 뜨거운 물은 차가버섯의 영양분을 모두 파괴하기 때문에, 50~60도의 미지근한 물에 음용한다.
② 스테인리스는 영양소를 파괴하므로, 유리컵이나 나무, 플라스틱 스푼 등을 이용한다.
③ 식사하기 30분 전에 음용한다.
④ 과량 복용 시 위장 장애를 일으킬 수 있으므로 복용량을 준수한다.
⑤ 환자가 아닌 경우에는, 제품 설명서에 안내된 복용 기간과 휴식기를 준수한다.
⑥ 차가 제품은 그늘지고 서늘한 곳에 보관한다.

5 | 차가버섯 복용법

차가버섯 진액(베푼긴)

Бефунгин, Befungin

50~60도의 미지근한 물 150ml에 베푼긴 3티스푼을 넣어 희석시킨다. 식전 30분 전 한 밥숟가락씩 떠먹는다.

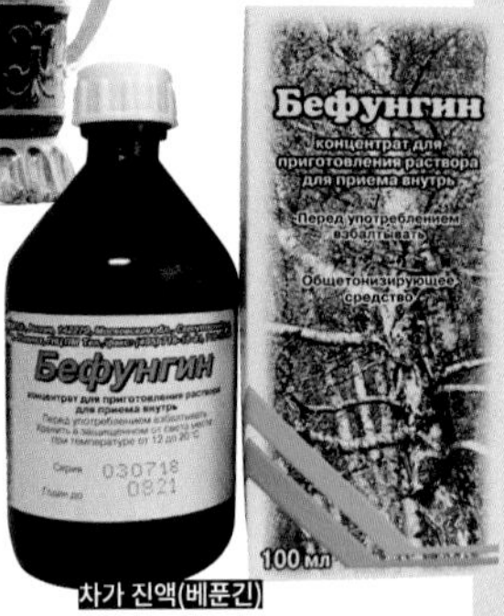

차가 진액(베푼긴)

차가버섯 엑기스 분말

Chaga Extract

50~60도의 미지근한 물 150ml에 1/4 티스푼의 엑기스 분말을 넣고 잘 저어 음용한다. 1일 2~3회(제품에 따라 용량과 복용 횟수는 다를 수 있음).

차가 엑기스 분말

차가버섯 분쇄가루

чага порошок

50g의 차가버섯 분쇄가루를 50~60도 정도로 식힌 물 500cc에 넣고 48시간 우린 뒤 분쇄가루를 제거하고 다시 따뜻한 물 500cc를 넣어 하루 3회 한 컵씩 마신다.

차가 분쇄가루

차가버섯 원물

50g의 차가버섯을 씻어 준비하고, 2L의 물을 끓여 50~60도 정도로 식힌 후 차가버섯을 넣어 5시간 정도 불린다. 차가버섯을 꺼내 분쇄한 후 우린 물에 다시 넣고 60도 미만으로 중탕한 뒤 48시간 시원한 곳에 둔 후 추출물만 하루 3번 복용한다.

차가버섯 원물

☆

식품 쇼핑 Tip 2

진짜, 꿀 제대로 사는 법

러시아에서 사면 절대적으로 이득인 게 꿀이다. 맛도 좋고 가격도 저렴하거니와 품질 좋고 종류도 다양하다. 건강 제일주의, 부모님과 지인 선물에 고심하는 사람이라면 잊지 말자, 꿀!

1 | 어디서 살까요?

재래시장 좋은 꿀을 가장 저렴하게 구입할 수 있다. 시식도 가능하지만 포장은 부실한 편.

꿀 전문점 품질도 좋고 시식도 가능하며 포장도 잘돼 있는데 재래시장보다 비싼 편이다.

슈퍼마켓 대중이 선호하는 꿀들을 주로 판매해 종류가 적지만 접근성이 좋다.

공항 기념품점, 면세점 가장 비싸게 구입하는 방법이다.

2 | 주의사항

① 고체 형태의 크림 꿀을 포함해 모든 꿀은 기내 반입이 허용되지 않는다.
② 플라스틱 통에 든 꿀은 테이프로 고정한 후 비닐에 여러 번 싸야 새지 않는다.
③ 저온에서 꿀이 굳는 것은 포도당이나 화분이 많이 포함된 것이므로 그냥 먹어도 된다.

3 | 꿀의 종류

보리수 꿀 мёд ли́повый
위장장애, 변비, 기침, 천식, 감기에 탁월한 고급 꿀로, 일명 "피나무 꿀"이라고도 한다.

프로폴리스 꿀 мёд прополис
피로회복, 면역력 증강, 구취제거, 염증질환에 효과적인 프로폴리스를 함유한 꿀

화분 Пчелиная пыльца
꿀벌들이 모아온 꽃가루와 꿀이 뭉쳐진 알갱이 형태. 노화 방지, 암 예방, 기력회복 및 영양보충

밤꿀 кашта́н мёд
항균 및 살균작용에 탁월해 각종 염증질환, 항암작용, 헬리코박터균 억제, 피로회복에 효과적

벌집 꿀 со́ты мёд
벌집이 통째로 들어가 있는 꿀, 일반 꿀보다 영양분이 더 많이 들어 있다.

크림 꿀 крем мёд
액체 상태의 꿀을 결정화시킨 후, 블루베리, 라임 등을 첨가해 빵에 발라먹기 좋게 만들었다.

식품 쇼핑 Tip 3

내 입맛에 맞는 먹거리를 찾아라~

먹거리는 많고 먹을 수 있는 양은 한정돼 있는데, 먹기 전엔 알 수 없는 최고의 먹거리는 뭐? 왜 더 안 샀을까! 다녀와서 후회 말고 미리미리 챙기자, 먹거리 쇼핑 리스트!

초콜릿

러시아 여행 기념 선물이라면 알룐카 추천. 무조건 '맛있는' 초콜릿을 먹고 싶다면 밀카나 리터 스포트, 맛있는 '러시아' 제품을 먹고 싶다면 알펜골드, 가격 비싼 순으로는 리터 스포트 〉 밀카 〉 알룐카 〉 알펜골드다. 가성비로 따지면 알펜골드 승이다.

1

알룐카 Алёнка
러시아를 대표하는 초콜릿으로, 러시아스러운 포장 때문에도 선물용으로 특히 인기

2

알펜골드 Alpen Gold
스위스(알프스)와 전혀 상관없는 러시아 초콜릿. 맛은 알룐카보다 낫다는 평이 대세

3

밀카 Milka
전 유럽을 평정하고 러시아까지 침투한 독일 초콜릿. 진한 밀크 맛에 종류도 다양하다.

4

리터 스포트 Ritter Sport
100년의 역사를 가진 독일 국민 초콜릿. 한번 먹어보면 계속 찾게 돼 마니아층이 있다.

티

허브티 라인 중, 그린필드는 스프링 멜로디(꽃 향이 특징), 서머 부케(새콤달콤한 과일 맛), 블루베리 포레스트(베리류의 과일 맛)가, 테스는 네이밍이 눈에 띄는 진저 모히토(생강과 라임 맛의 조화), 피나 콜라다(망고, 파인애플 맛의 조화)기 많이 회자된다. 밀크 향을 좋아한다면 그린필드, 아마드의 밀크 우롱을 시도해보자.

1

그린필드 Greenfield Tea

러시아의 티 시장을 선도해 나가는 러시안 브랜드. 맛, 인지도, 포장 모든 면에서 앞선다.

2

테스 Tess

그린필드보다 저렴하지만 맛도 괜찮은 러시안 세컨 브랜드. 그린필드에는 없는 맛에 주목!

3

아마드 티 Ahmad Tea

한국에도 알려진 영국 홍차 브랜드다. '메이드 인 잉글랜드'라는 후광 효과가 큰 몫을 한다.

치즈

프레시덩 맛도 좋지만, 가격 대비 호클랜드의 맛은 훌륭하다. 특히 인기 좋은 크림치즈는 플레인, 버섯, 햄, 그뤼에르 치즈 맛(포도 그림)이 있는데, 그뤼에르는 진한 맛에 쌉쌀한 청포도 맛이 더해져 큰 인기다.

1

호클랜드 Hochland

90년 전통의 독일 유제품 브랜드. 크림치즈 중 포도가 그려진 것은 한국인들이 싹 쓸어갈 정도다.

2

프레지덩 Président

프랑스를 대표하는 고급 유제품 브랜드. 버터가 가장 유명하지만, 치즈 역시 평균 이상의 맛이다.

기타 인기 먹거리

1 **바르니(곰돌이 빵)** Барни
곰돌이 모양의 촉촉한 버터케이크 안에 초콜릿, 연유, 크림 등이 들어 있어 누구나 좋아할 맛.

2 **밀카** Milka
바르니 빵과 같은 콘셉트의 초콜릿 케이크. 맛있는 밀카 초콜릿이 채워져 있다.

3 **야시키노** яшкино
우리네 웨하스 같지만, 밀도와 당도가 훨씬 높고 바삭하여 달달한 것을 좋아하는 사람에게 딱!

4 **레이스** Lays
세계적인 포테이토칩 브랜드지만, 러시아에서만 맛볼 수 있는 크랩 맛은 호기심에서 한 번쯤!

5 **해바라기 씨** Семечки
심심풀이 국민 간식. 볶은 해바라기 씨에 소금을 더해 짭짤하고 고소한데 까먹는 재미까지~

6 **모르스** Морс
붉은빛의 새콤달콤 크린베리류의 주스. 오미자와 비슷하면서도 쓴맛은 덜하다.

써본 사람들이 극찬하는
이건 꼭 사야 해! 뷰티제품 편

식료품에 이어 반드시 사야 할 것은 뷰티제품이다. 자연에서 얻은 재료들을 아낌없이 활용해 효능은 좋고 가격은 놀랄 만큼 저렴하다. 쇼핑만 잘해도 비행기 티켓 값은 뽑는다는 소문이 자자하다.

1 네바 페이스 크림 Крем для лица Невская Косметика
러시아의 3대 코스메틱 중 하나로, 한국인들 사이에서는 당근 크림으로 더 유명하다. 천연식물에서 원료를 추출해 고유의 효능과 향을 살렸다. 1개에 우리 돈 1천 원 정도로 가성비 갑!

2 아가피아 할머니의 레시피 Рецепты бабушки Агафьи
화학물질 사용 없이, 시베리아의 청정지역에서 자란 천연식물들을 원료로 전통요법에 근거해 제조된 브랜드다. 샴푸가 가장 인기 있고, 헤어 마스크, 페이스 마스크 등이 뒤를 잇는다.

3 초르니 젬추크 페이스 크림 Черный жемчуг
한국인들 사이에서 흑진주 크림으로 더 유명하다. 이름과는 달리 흑진주는 단 1%도 들어 있지 않지만, 노화 방지, 탄력강화에 뛰어난 효능으로 써본 사람들이 극찬하는 제품이다.

Tip
어디가 싸요?
블라디보스토크의 추다데이에는 대부분의 제품들이 한데 모여 있어 쇼핑에 편리하지만 가격이 가장 비싸다. 블라디보스토크에서 당근 크림이 가장 싼 곳은 제주항공 트래블 라운지와 굿데이 편의점이다. 하지만 아가피아 할머니의 레시피나 흑진주 크림은 대형 마트(샴베리나 칼리나몰 지하 마트 등)가 더 저렴하다. 대부분의 제품은 블라디보스토크보다 하바롭스크가 더 저렴하다.

4 스바보다 라이트 페이스 크림 Крем для лица Свобода Light
170년의 역사를 자랑하는 러시아 브랜드 '스바보다'의 대표적인 수분크림으로, 모스크바를 비롯한 러시아 서부 지역에서 유명하다. 비타민 A와 E가 풍부한 룩스 라이트(분홍색)가 가장 인기다.

5 이브로쉐 Ив Роше
프랑스의 천연 코스메틱 브랜드로, 우리나라에도 입점해 있지만, 우리나라보다 훨씬 저렴하게 구입할 수 있는 샤워젤이나 립밤이 특히 인기다. 헤어 식초는 우리나라와 가격이 비슷하다.

☆

뷰티제품 쇼핑 Tip 1

나에게 꼭 맞는 네바 페이스 크림은 뭐?

일명 '당근 크림'으로 더 잘 알려진 만큼 당근 크림이 가장 인기지만 효능과 피부 타입, 향 등을 고려하여 다양한 제품에 도전해보자. 인삼은 페이스 크림보다 아이크림(크기는 작고 가격은 더 비싼)이 더 낫다.

인삼
Женьшеневый
주름방지와 탄력 개선

카모마일
Ромашка
세포 재생, 영양공급

오이
Огуречный
피지 관리 및 피부 톤 개선

당근
Морковный
영양공급, 노화 방지

녹차
Зелёный чай
피부 진정, 세포 보호

코튼
Хлопковый
피부 진정 및 재생

들장미
Шиповник
수분 공급, 안색 개선

복숭아
Персиковый
피부 탄력, 부드러움

올리브
Оливковый
보습, 피부 재생

클라우드베리
Морошка
보습, 색조 관리

비타민 나무
Облепиховый
보습, 비타민 공급

아몬드
Миндальный
건조하고, 거친 피부 재생

포도
Виноград
수분 공급, 피부 톤 정돈

아보카도
Авокадо
영양 및 탄력 (중성 피부)

카렌듈라
Календула
피부 진정 및 재생 (지성 피부)

석류
Гранатовый
보습, 진정 (건성 및 민감성 피부)

라놀린
Ланолиновый
30분 후 티슈로 제거(민감성 피부)

고래기름
Спермацетовый
보습, 영양, 부드러움 (건성 피부)

☆

뷰티제품 쇼핑 Tip 2

아가피아 할머니의 레시피, 이건 꼭 사자!

샴푸와 헤어 마스크는 써본 사람들이 강력추천하는 아이템이다. 하지만 종류도 많은 데다가 설명은 러시아어로만 되어 있어 뭘 사야 할지 난감하다. 다음 설명과 제품 사진을 참고하여 선택 및 구입하도록 하자.

샴푸(Шампуни)

1 대표 제품

탈모 방지 및 모발 강화

모발 강화 및 성장 촉진

두피 관리, 비듬 방지

손상 모발 회복

모발 보호 데일리 유즈

2 한국 수입 제품(1/5 가격)

탈모 예방, 모근 강화

두피 세정, 모발 보습

손상 모발 회복

모발 탄력 및 볼륨 업

부드럽고 윤기 나는 모발

3 휴대용 제품

건조하고 약한 모발용

염색 머리용

두피 세정, 모발 성장 촉진

린스(Бальзам)

건조하고
약한 모발용

염색 머리용

모발 성장 촉진
및 영양

기타 헤어 제품

1 헤어 세럼(Сыворотки для волос)

모발 성장 촉진
(러시아 보건부
효능 인증)

지루성 두피
및 비듬 방지
(러시아 보건부 효능 인증)

2 헤어 스프레이 (Спрей для волос)

촉촉하고 부드러운
모발 유지

3 헤어 앰플 (Комплексы для волос в ампулах)

모발 강화 및 성장 촉진 애플
(러시아 보건부 효능 인증)

헤어 마스크(Маски для волос)

1 휴대용 제품

뿌리 강화,
모발 성장 촉진

두피 진정,
모발 탄력 회복

부드럽고
윤기 나는 모발

2 대용량 제품

계란 단백질
영양 공급
(계란 그림)

탈모 방지,
모발 성장 촉진
(효모 그림)

손상 모발 회복
(보라색 우엉 그림)

모근 및
모발 강화

부드럽고
윤기 나는 모발

손상 모발 회복

두피 세정,
모발 성장 촉진

수분, 영양,
에너지 공급

페이스 마스크(Маски для лица)

수분 보충 피부 토닝 | 피지 조절 피부 정화 | 피부 보습 탄력 강화 | 피부 재생 맑은 피부 | 민감 피부 보호 | 피부 톤업 리프팅 효과 | 모공 관리 (지복합성 피부용)

보디 마스크(Маски для тела)

노화 방지 | 독소 제거 | 세포 재생 | 피부 정화

아이크림(Кремы для век)

눈밑 주름, 다크서클 방지 | 붓기 제거, 피부 탄력

뷰티제품 용도 관련 러시아어

용도	**Шампуни** 샴푸 | **Бальзam** 린스 | **Крем/Кремы** 크림 | **Маски** 마스크 **Скрабы** 스크럽 | **Очищающие средства** 클렌저
신체	**лица** 얼굴 | **рук** 손 | **ног** 발 | **тела** 몸 | **волос** 머리카락

※**용도+신체 단어 순 조합** 예: **кремы**(크림) **для лица**(얼굴) **Маски**(마스크) **для волос**(머리카락)

☆

뷰티제품 쇼핑 Tip 3

연령별로 흑진주 크림 고르는 방법

초르니 젬추크, 일명 흑진주 크림에는 다양한 라인이 있지만 가장 많이 구매하는 것은 연령별 프로그램 라인(Возрастные программы, 포장에 나이대가 표시되어 있음)이다. ①**데이 크림**은 흰 바탕에 'ДНЕВНОЙ', ②**나이트 크림**은 검은 바탕에 'НОЧНОЙ'이라고 쓰여 있다. 36세 이상의 연령대를 위한 아이크림 세럼도 있다.

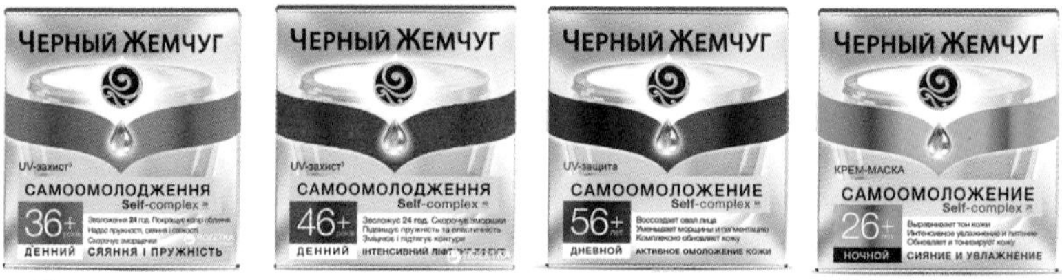

① ②

연령대 프로그램의 업그레이드 버전인 바이오 프로그램(Bio·программа)은 포장에 'BIO'가 쓰여 있으며, ①**연령대별로 페이스 크림**과 ②**피부 복원에 초점을 둔 나이트 크림**(Ночной крем для лица Восстановление), 아이크림(КРЕМ ДЛЯ ВЕК)으로 구성돼 있다. ③**연령대별로 눈 주위 주름 전문 크림**(КРЕМ-ЭКСПЕРТ ДЛЯ КОЖИ ВОКРУГ ГЛАЗ)과 ④**이마, 미간, 팔자주름 전문 크림**(КРЕМ-ЭКСПЕРТ Y-ЗОНА)도 있다.

① ② ③ ④

☆

뷰티제품 쇼핑 Tip 4

숨겨진 보석 같은 제품을 찾아라!

당근 크림을 비롯한 인기 뷰티 브랜드 삼총사가 다는 아니다! 한국인들은 모르지만 현지인들이 추천하는 뷰티 제품들은 뭐? 써본 사람들이 인정하는 기타 뷰티 제품들을 소개한다.

1 스바보다 페이스 크림(Svoboda) : 러시아 국민크림

분홍색 룩스 라이트
Люкс Light
비타민 A와 E가 풍부한 영양 크림
(얼굴, 중건성용)

보라색 베체르
Вечер
눈주름 및 다크서클 관리
(눈, 얼굴, 건성 · 민감성용)

노란색 얀따리
Янтарь
보습 및 영양, 노화 방지
(얼굴, 중건성용)

갈색 제론똘
Геронтол
노화(주름) 관리
(얼굴, 건성용)

2 나투라 시베리카 (Natura Siberica) : 러시아 오가닉 코스메틱

블랙 캐비어 라인
풍부한 오메가 3 함유로 노화 방지, 피부 재생능력 탁월

3 이브로쉐(Yves Rocher) : 프랑스 오가닉 코스메틱

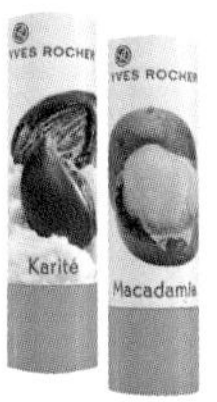

립밤
천연 성분이 80% 이상 함유된 건강 립밤

고농축 샤워젤 & 샴푸
천연 제품에 향 좋고 여행 갈 때 짐 줄이기 딱!

4 가르니에(Garnier) : 프랑스 로레알의 자회사

스킨 액티브 미셀라 클린징 워터
순하고 세정력 좋고 추가 세안 없이 수분 공급까지

5 슈바르츠코프 (schwarzkopf) : 독일의 헤어 전문 브랜드

글리스 쿠르 헤어 오일 에센스
극손상된 모발을 매일매일 반짝 반짝 빛나게!

러시아 여행의 추억을 담다
이건 꼭 사야 해! 기념품 편

어디를 가든 꼭 사게 되는 마그네틱부터 마트료시카 같은 러시아 대표 기념품, 실생활에 쓰임새가 높은 목공예품, 털모자, 러시아 황실 찻잔에 이르기까지. 예산 따라, 필요에 따라 골라, 골라~

마트료시카
인형 안에 더 작은 인형이
자꾸 나오네

냉장고 마그네틱
지역별 특징을 담은
기념품 넘버원

열쇠고리
실용성 좋은 기념품의
베스트셀러

목공예 소품
놀라운 손재주에
쓰임새도 좋다

파베르제의 달걀
러시아 황실의 보물,
짝퉁이라도 훌륭하다

호박석 주얼리
주산지에서 저렴하게 Get it!

샤프카(털모자)
어떤 강추위에도 끄떡없다!

임페리얼 포슬린
(구 로마노소프) 찻잔
러시아 황실의 우아함을 우리 집으로

패브릭 전통인형
러시아 느낌이 물씬 풍기는
전통인형들

라이터
무겁지만 뭔가
있어 보이기 원한다면

밀리터리 소품
밀리터리 덕후들을 위한
맞춤형 기념품

힙플라스크
애주가들을 위하여!
단, 과음 금물

앤티크 술잔
장식용으로도,
분위기 내기에도 좋아

호두까기 인형
차이코프스키의
발레 공연을 봤다면 꼭!

목각 인형
동화책 속에서 나온 듯한
인형일세

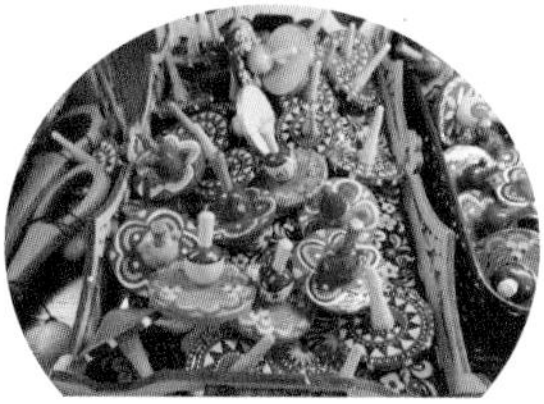

전통문양 팽이
책상 위 기념품,
심심할 때 돌려 돌려~

우표
내 우표책에
러시아 우표쯤은 들어 있어야

빈티지 카메라
옛 느낌을 살리고 싶은
카메라를 찾는다면!

오르골
예쁜 소리까지 내면서
빙빙 돌아요~

오뚝이
툭툭 건드려도
언제나 제자리에~

보석 장식품
보석류의 화려한
장식품을 원하신다면!

내 인생의 발레를 보다
마린스키 극장에서 즐기는 세계적인 문화공연

러시아의 볼쇼이 발레단만큼 우리 귀에 익숙한 세계 정상급의 마린스키 발레단. 모스크바나 상트페테르부르크까지 가지 않더라도 서울에서 2시간 반, 블라디보스토크에서 수준 높은 발레와 오페라, 연주회를 즐길 수 있다.

1 | 국립 마린스키 극장 Mariinsky Theatre

국립 마린스키 극장은 1860년에 세워진 러시아 최초의 오페라 극장으로, 러시아의 유명 작곡가들과 성악가들이 무대에 오르며 명실상부한 세계적인 오페라 극단으로 명성을 떨쳤다. 극장의 소속 발레단은 러시아 황실 발레단으로 특별한 지위를 획득하면서 마리 탈리오니, 쥘 페로 같은 발레 스타들을 탄생시켰고 세계적인 발레단의 반열에 올랐다. 구소련 시대에는 '키로프 발레단'으로 불렸는데, 당시의 명성을 증명하듯 아직까지도 '키로프 발레단'이라는 명칭이 수식어처럼 따라다닌다. 오페라나 클래식 연주회가 어렵게만 느껴지는 사람에게도 화려한 무대와 익숙한 멜로디, 놀라운 기술과 아름다운 동작이 어우러진 발레는 러시아에서 선택할 수 있는 최고의 문화공연이라 할 수 있다.

© 마린스키 극장-프리모르스키 스테이지

2 | 마린스키 극장-프리모르스키 스테이지 Primorsky Stage of the Mariinsky Theatre

블라디보스토크에 위치한 마린스키 극장은 상트페테르부르크에 있는 본관의 분관이다. 마린스키 극장의 화려한 수식어들이 조금 무색하게 느껴질지 모르지만, 프리모르스키 스테이지의 발레단이 우리나라에서 초청공연을 할 때 티켓 요금은 5배 정도 뛴다. 마린스키 극장은 오페라, 발레, 오케스트라, 합창단을 보유하고 있으며 발레 외에도 다양한 공연들을 감상할 수 있다. 2017년 여름, 우리나라의 대표적인 피아니스트 조성진과 손열음이 이곳에서 협연한 바 있다. 또한 매년 7, 8월에는 극동 국제음악제가 이곳에서 열리므로, 클래식 애호가라면 주목해보자.

3 | 공연 및 관람정보

마린스키 극장–프리모르스키 스테이지는 홈페이지에서 영문 서비스를 제공한다. 공연에 대한 상세소개는 물론 예매도 가능하다. 공연일정은 한두 달 전에 오픈되며, 주로 수~일요일에 몰려 있다. 오페라, 발레, 연주회 중 하나가 무대에 올려지는데 공연 초보자라면 오페라보다 발레가 더 흥미로울 수 있다. 프리모르스키 스테이지는 무대와 객석 간의 거리가 좁고 시야 가림이 적어, 저렴한 4층 세컨드 티어 발코니 좌석도 나쁘지는 않다(물론 배우의 표정까지 생생하게 보기에는 무리다). 공연 전에는 핸드폰을 끄고 공연 중 사진촬영을 하지 않는 것은 에티켓이다.

© 마린스키 극장–프리모르스키 스테이지

© 마린스키 극장–프리모르스키 스테이지

© 마린스키 극장–프리모르스키 스테이지

좌석예약 시 알아야 할 용어

❶ **스톨**(Stalls) 1층 객석 앞부분 – 건물 2층 위치

❷ **서클**(Circle) 1층 객석 뒷부분과 계단식 좌석 – 건물 3층 위치

❸ **드레스 서클**(Dress Circle) 2층 객석 – 건물 4층 위치

❹ **퍼스트 티어 발코니**(First Tier Balcony) 3층 객석 – 건물 5층 위치

❺ **세컨드 티어 발코니**(Second Tier Balcony) 4층 객석 – 건물 6층 위치

❻ **박스석**(Box) 무대 측면에 위치한 객석 – 건물 3~6층에 위치

스페셜 요금(Special Tariff) 러시아인이나 러시아에서 거주하는 학생 및 외국인에 한한 티켓

일반 요금(Full Rate) 일반 외국인 관광객용

Tip

좋은 좌석은 어디?

① A, B, C 구역(Section)으로 나뉘는 객석은 무대를 정면에서 볼 수 있다.

② 가장 좋은 좌석은 스톨 A섹션의 중간 열 이후다.

③ 2~4층 객석 어디서든 A섹션의 첫 번째 열이 좋다.

④ 초알뜰 여행자라도 가장 저렴한 티켓보다 두 번째로 싼 티켓을 구입하자. 가격 차이는 별로 안 나지만 시야는 확실히 더 낫다.

4 | 예매하기

❶ 홈페이지(www.prim.mariinsky.ru/en)에 접속한다.

❷ 메뉴 바에서 'Playbill and Ticket'을 클릭해 공연일정을 확인하고, 마음에 드는 공연의 'Buy Ticket'을 클릭한다.

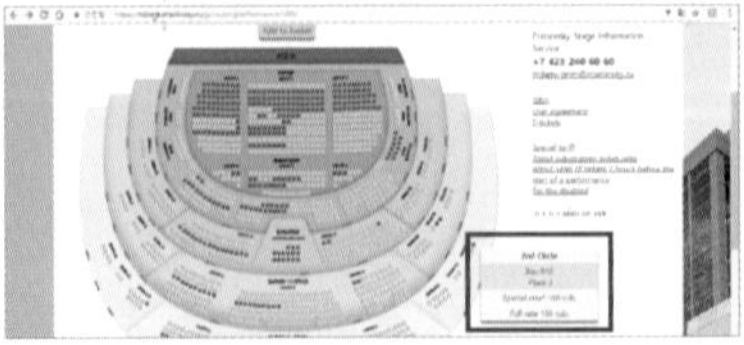

❸ 원하는 좌석에 마우스를 대면, 위치와 요금이 표시된다.

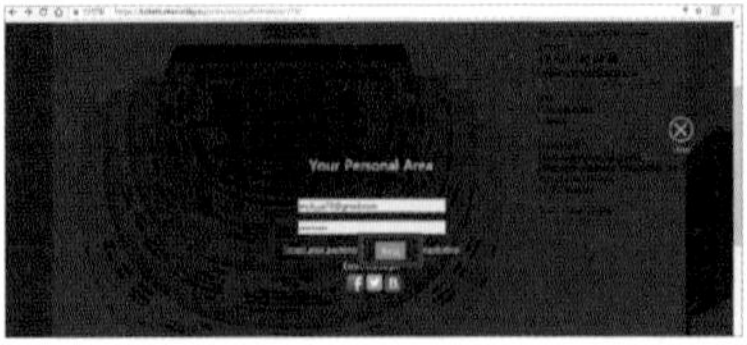

❹ 원하는 자리를 클릭하면 로그인 이전 창으로 넘어간다(처음 이용 시 회원가입 'Registration' 버튼을 클릭한다).

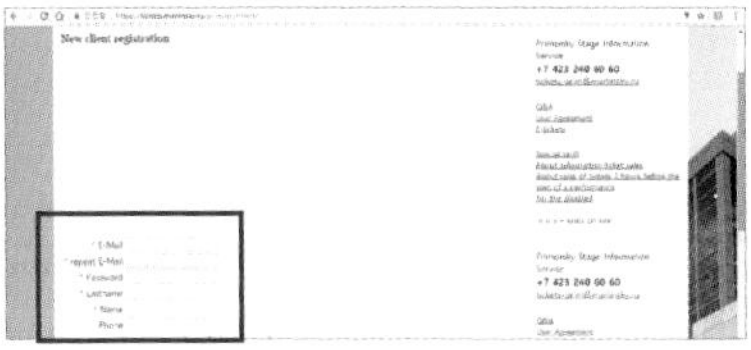

❺ 회원가입 양식에서 이메일 주소, 동일한 이메일 주소(확인용), 비밀번호, 이름(영문)을 넣고 '회원가입Registration' 클릭.

❻ 입력한 이메일 주소로 '회원가입 확인' 메일을 받으면, 메일에 파란색으로 표시된 링크 클릭.

❼ 홈페이지의 로그인 창으로 넘어가며, 본인의 이메일 주소와 비밀번호로 로그인한다.

❽ 좌석 지도가 뜨고 원하는 좌석을 지정한 후 '장바구니에 담기Add to Basket' 클릭하면 주문내역 창으로 넘어간다. 확인 후 '구입완료Complete Purchase' 클릭.

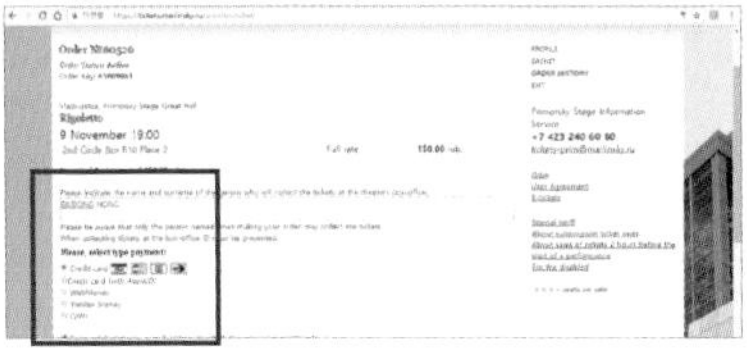

❾ 결제준비 창으로 들어가면 박스 안에 성과 이름(영문)을 넣고, 신용카드 결제 체크, 동의 체크 후 러시아어로 쓰인 버튼 클릭.

❿ 결제 전 단계 창에서 내역을 다시 한 번 읽고 '확인Confirm' 클릭.

⓫ 결제 창에 카드 번호, 만료일, 카드상의 영문 이름, 카드 뒤에 있는 3자리 보안번호, 은행 영문 이름을 순서대로 넣고 '지불Pay' 클릭.

⓬ 결제가 완료되면, 등록했던 이메일 주소로 이티켓이 전송된다. 이티켓을 프린트해서 가져가면 실물 티켓으로 교환할 필요 없이 입장이 가능하다. 여행일정 변경 시 홈페이지에서 예약을 취소할 수도 있다.

러시아 문화의 진수를 맛볼 수 있는 공연 문화 예술 핫 플레이스 다 모여라!

문화 예술을 사랑하는 나라? 바로 러시아다. 모스크바나 상트페테르부르크와 비교할 수 없지만, 매일 밤 각종 공연이 도시 곳곳에서 펼쳐지고 수준 높은 박물관들이 저렴한 요금으로 관람객을 유혹하고 있다. 놓치지 말아야 할 공연장, 박물관, 미술관을 엄선했다.

1 프리모르스키 국립 갤러리 Primorsky State Picture Gallery

시베리아 극동지역의 미술관들 중 가장 좋은 곳이다. 규모도 작고 작품 수도 적지만, 러시아 회화 작품들의 보고라 할 수 있는 트레차코프 갤러리(모스크바)와 국립 러시아 박물관(상트페테르부르크)의 지원을 받아 수준급 작품들이 눈에 띈다.

Where 블라디보스토크
For Whom
미술관을 사랑하는 사람

2 하바롭스크 향토박물관 Khabarovsk Regional Museum

해당지역의 문화와 역사를 소개하는 향토박물관들 중 이곳만큼 흥미로운 곳도 없다. 규모도 가장 크고 내용도 알차 볼거리가 풍부하다. 특히 19~20세기 러시아 내전 및 혁명기의 생활 모습들을 다양한 소품들로 재현해 지루할 틈이 없다.

Where 하바롭스크
For Whom
역사와 문화에 관심 있는 여행자

3 딸찌 목조박물관
Architectural-Ethnographical Museum 'Taltsy'

실제 현지인들이 거주했던 시베리아 전통 목조건축물을 옮겨와 야외박물관으로 꾸몄다. 18~20세기 삶의 모습을 엿볼 수 있어 일종의 민속촌이라고 할 수 있다. 빽빽한 자작나무 숲이 펼쳐져 있어 산책하기에도 좋다.

Where 이르쿠츠크
For Whom 누구나

4 이르쿠츠크 필하모닉
Irkutsk Philharmonic

극동지역에서 문화공연의 최강자는 역시 마린스키 극장-프리모르스키 스테이지이지만 이르쿠츠크 필하모닉 역시 크고 작은 연주회들을 기획하여 선보이고 있다. 특히 오르간 홀의 연주회라면 더욱 주목해보자.

Where 이르쿠츠크
For Whom 클래식 음악을 좋아하는 사람

5 서커스 Circus

심장이 쫄깃쫄깃해지는 공중기예나 귀여운 동물들의 쇼, 어릿광대들의 코믹한 제스처 등, 러시아어를 몰라도 누구나 즐겁게 관람할 수 있는 공연이다. 어느 지역에든 국립 서커스단은 꼭 있고 요금도 비싸지 않다.

Where 블라디보스토크, 하바롭스크, 이르쿠츠크
For Whom 누구나

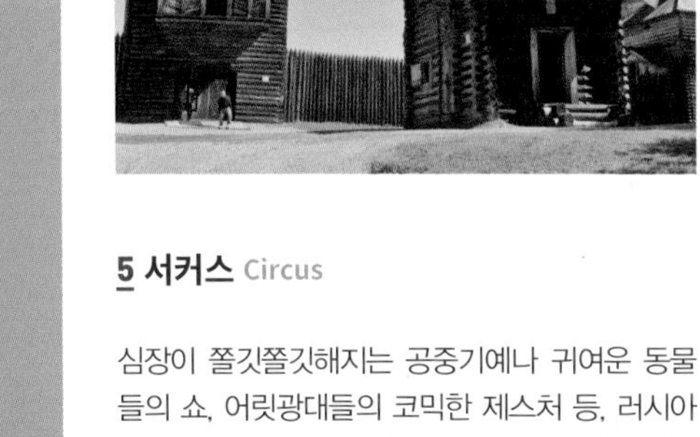

Tip

공연 보러 가기 전 이것만은 꼭!

홈페이지를 통해 공연을 예약하고 싶어도 한국 신용카드로 결제를 시도하면 결제오류가 뜰 때가 많다. 이때는 홈페이지로 얻은 정보(공연 이름, 날짜, 시간, 티켓 요금, 원하는 좌석 등)를 스마트폰에 캡처하여 공연장 매표소(Kacca)에 보여주고 매표를 시도하는 것이 좋다. 영어가 전혀 통하지 않아서 이런 준비가 없다면 표 한 장 사는 것도 만만치 않을 것이다.

러시아 역사와 문화의 근원
러시아 정교회 100배 즐기기

어느 도시를 가든 반드시 들러보게 되는 러시아 정교회. 여느 유럽의 교회와는 확연히 다른 외관과 화려한 내부 벽화, 이코노스타시스까지, 알고 보면 더 감동적이다.

1 | 러시아 정교회 Russian Orthodox Church

988년 동로마 제국(지금의 터키 지역)의 동방 정교회가 러시아에 전해져 국교가 되었다. 16세기 동로마 제국이 이슬람에 점령당하면서, 러시아가 동방 정교회의 중심이 되었지만, 18세기 표트르 1세에 의한 교회개혁 및 20세기 공산주의 혁명 등을 거치며 세력이 약화되었다. 그럼에도 아직까지 러시아 정교회가 러시아인들의 정신세계 및 생활 전반에 미치는 영향력은 더없이 크다.

2 | 러시아 정교회의 특징

로마 가톨릭과 달리 신자들이 서서 예배를 드리며, 이콘(성화)에 대한 숭배의식이 강하다. 성직자는 결혼이 가능하며 수염을 기르고, 남녀 성직자는 동일한 수도복을 입는다. 성찬식에서는 예수의 피와 살을 의미하는 포도주와 누룩이 든 빵을 먹고, 성가는 무반주를 원칙으로 한 중저음의 합창이다. 교회에 들어가기 전 남자는 모자를 벗어야 하고 여자는 스카프로 머리카락을 가려야 한다. 민소매나 짧은 바지, 치마, 슬리퍼 등 경건하지 못한 복장은 피해야 하며, 교회 내부의 사진촬영은 금지되어 있다.

3 | 이콘 Icon

예수 그리스도나 성모 마리아, 성인들과 성경의 일화들을 그린 성화를 말한다. 프레스코화(벽화)나 모자이크화, 목판화 등 형태는 다양하다. 러시아인들이 가장 사랑하는 성화는 〈블라디미르의 성모〉로, 1238년 몽고 타타르족이 침입했을 때 이 성화 앞에서 눈물을 흘리며 기도를 올리자 적이 퇴각했다고 하여 '기적의 성화'로도 불린다.

프레스코화

<블라디미르의 성모>

4 | 이코노스타시스 Iconostasis

러시아 정교회에서 신자들이 위치하는 예배소와 성직자들만 예배를 드리는 지성소를 나누는 대형 성화벽을 말한다. 이코노스타시스에는 여러 층에 걸쳐 다양한 이콘이 있으며, 최고의 위치를 인정받는 대성당들의 이코노스타시스는 보통 5단이다.

5 | 이코노스타시스의 구성

각 단의 구성은 비슷하지만, 성화의 수나 세부적인 배치는 성당에 따라 달라질 수 있다.

Ⅰ. 숭배의 단(Veneration Tier)

❶ 왕의 문–수태고지, 4복음서의 저자 (마태, 마가, 누가, 요한)
❷ 최후의 만찬
❸ 전능하신 주 그리스도
❹ 성모 마리아
❺ 수호성인 성화
❻ 그 지역에서 특별히 모시는 성화

Ⅱ. 데이시스 열(Deisis Row)

❼ 구세주 그리스도
❽ 성모 마리아
❾ 세례 요한
❿ 대천사장 미카엘
⓫ 대천사장 가브리엘

Ⅲ. 종교적 축제(절기) 단(Festival Tier)

12개의 종교적 축제를 그린 성화들

Ⅳ. 선지자의 단(Prophet's Tier)

⓬ 성모의 성화

Ⅴ. 제사장(종교적 지도자, 가장 높은 성직자)들의 단(Patriarchs Tier)

⓭ 구약의 성삼위일체, 혹은 아브라함의 환대

© 프리모르스키 국립 갤러리

Tip

이코노스타시스의 주요 성화

- **최후의 만찬**
  예수가 십자가에 매달려 죽기 전날 밤, 열두 제자와 마지막으로 나눈 저녁식사 장면

- **수태고지**
  가브리엘 대천사가 성모 마리아에게 나타나 성령으로 아이를 가질 것임을 알리는 성서의 한 장면

- **아브라함의 환대**
  구약성서에 나오는 믿음의 조상 아브라함이 성령(흔히 날개 달린 천사의 모습으로 표현)으로 오신 하나님께 식사를 대접하는 성서의 한 장면

루블료프의 <아브라함의 환대> <수태고지>

실속 만점의 숙소는 어디?
내게 꼭 맞는 숙소를 찾아라

잠자리가 편해야 여행도 즐거운 법. 여행목적과 예산, 개인의 취향에 따라 어떤 숙소를 골라야 할지 심사숙고하는 일은 반드시 필요하다.

1 | 고급 호텔

모스크바를 비롯해 동유럽에 근접한 대도시들과 달리, 시베리아 극동지역의 고급 호텔들은 상황이 열악하다. 지역에 따라 다르지만, 5성급 호텔은 아예 없거나 한두 곳 정도가 전부다. 그 지역에서 오랜 역사를 갖는 터줏대감 같은 호텔들(하바롭스크의 파루스 호텔이나 블라디보스토크의 롯데 호텔 등)은 시설은 낡았어도 체계적인 고객 서비스를 제공하기 때문에 믿고 갈 만하다.

아지무트 호텔(블라디보스토크)

인터내셔널 호텔 사이엔(이르쿠츠크)

2 | 중급 호텔

극동지역 주정부 역시 관광산업의 중요성을 인식하면서, 요 몇 년 사이 많은 중급 호텔들이 문을 열었다. 현대식 시설에 깔끔하고 요금도 크게 비싸지 않으면서 여행객들에게 필요한 기본 서비스를 제공해주기 때문에, 4~5성급의 호텔을 고집하지 않는다면, 무난하게 이용하기 좋다.

앙가라 호텔(이르쿠츠크)

3 | 아파트먼트 호텔

유럽의 대중적인 숙소형태 중 하나로, 대여용 아파트나 스튜디오(원룸)를 이용하기 때문에 세탁 및 주방시설이 잘 갖춰져 있고 '우리만의 공간'에서 현지인처럼 생활해볼 수 있다는 장점이 있다. 에어비앤비가 아닌, 호텔 예약 사이트에서도 예약이 가능하다.

4 | 저가 호텔 및 호스텔

알뜰 여행자나 나홀로 여행자들이 주로 이용하는 숙소다. 지역마다 깔끔하고 친절한 서비스로 인기 있는 호스텔들이 있는데, 예약 전 반드시 한국인들의 리뷰를 꼼꼼하게 읽어보는 것이 중요하다. 호스텔들 중에는 영어가 전혀 안 통하는 곳, 현지인들(실직자나 구직자, 떠돌이 일용근로자 등)이 집 대신 숙소로 사용하는 곳이 의외로 많다.

5 | 한인 게스트하우스

극동지역에서는 블라디보스토크에 2곳, 하바롭스크에 1곳이 운영 중이다. 한국인들만 모이기 때문에 의사소통에 전혀 문제가 없고 현지정보를 쉽게 얻을 수 있으며, 같이 다닐 동행을 구하기 쉽다는 장점이 있다. 반면 현지인들과의 교류가 거의 없다는 단점도 있다.

슈퍼스타 게스트하우스(블라디보스토크)

Tip

지역별 숙소상황 및 특징

블라디보스토크

웬만한 관광지와 맛집들이 도보로 가능한 거리 내에 몰려 있지만, 평지가 아닌 언덕 지형이라는 점에 유의해야 한다. 뚜벅이족이라면 아르바트 거리 인근이 가장 편리하다. 롯데 호텔과 아지무트 호텔 쪽은 언덕이다. 한국인들은 주로 주말에 방문하기 때문에, 주말에는 객실 상황이 좋지 않고 요금도 많이 오른다. 인기 호스텔에는 한국인들의 비율이 50% 이상이다.

하바롭스크

관광지가 몰려 있는 아무르 강변 쪽과 하바롭스크 기차역 부근으로 크게 나눠볼 수 있다. 두 지역 사이에는 거리가 있기 때문에 도보 이동은 불가능하다. 관광지 및 맛집을 중심으로 숙소를 잡는다면 아무르 강변 쪽, 시베리아 횡단열차 이용의 편의성을 중심으로 한다면 하바롭스크 기차역 부근이 좋다.

이르쿠츠크

키예프 광장 근처에 중·고급 호텔들이, 중앙시장 근처에는 저가 호텔 및 게스트하우스들이 많다. 중앙시장은 알혼 섬, 리스트비얀카행 버스를 타기에 편리하지만 주요 관광지와는 거리가 있는 편이다. 레닌 거리나 칼 마르크스 거리 남단 쪽에 숙소를 잡으면 어디로든 이동이 편리하다.

Enjoy Vladivostok

블라디보스토크를 즐기는 가장 완벽한 방법

chapter 1

블라디보스토크

Vladivostok | Владивосток

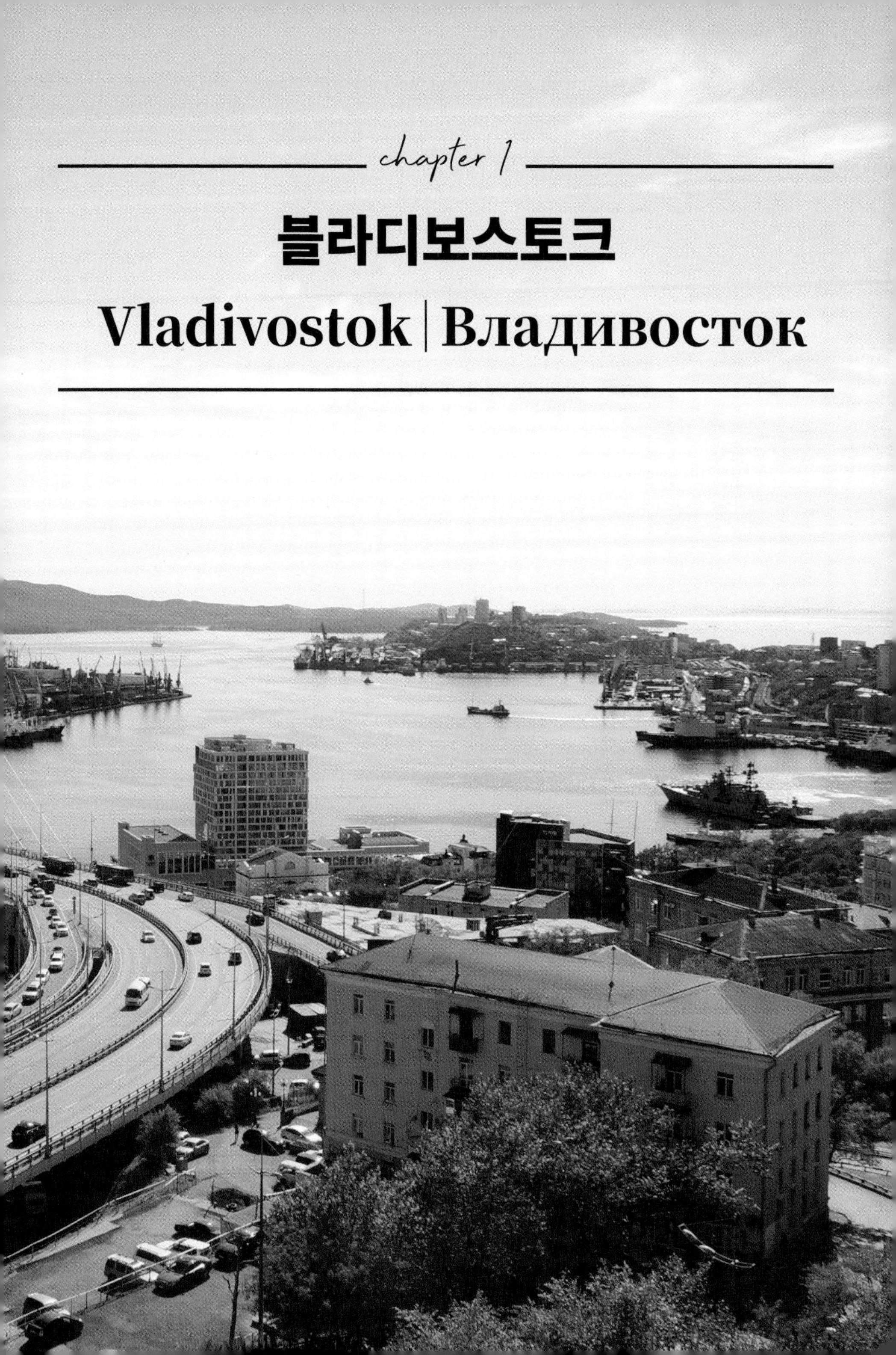

Information

서울에서 2시간, 유럽을 만난다 블라디보스토크

'동방의 지배자'라는 뜻을 가진 블라디보스토크는 러시아 태평양 함대의 사령부가 있는 군사기지이면서, '러시아의 샌프란시스코'를 표방하는 극동 최대의 무역 항구도시다. 19세기 후반 러시아인들의 이주로 러시아-유럽 문화가 뿌리를 내렸고, 1903년 모스크바까지 9,288km에 이르는 시베리아 횡단열차가 개통되면서 블라디보스토크는 아시아 속 러시아-유럽 문화를 꽃피웠다. 러시아인들의 정신을 대변하는 정교회 사원들과 클래식한 19세기 유럽풍 건축물, 구소련 시대의 정취가 남아 있는 중앙광장(혁명광장)과 꺼지지 않는 불꽃, 무역항의 아름다움을 한껏 느낄 수 있는 독수리 언덕 전망대, 해양공원 등은 블라디보스토크의 대표적인 볼거리로 관광객들을 사로잡는다.

한국보다 훨씬 저렴한 가격에 킹크랩과 러시아 음식들을 맛보고, 세계 정상의 반열에 오른 국립 마린스키 극장의 발레를 감상하며, 때 묻지 않은 천혜의 루스키 섬을 트레킹하고, 한국 독립운동가들의 발자취를 따라가거나, 한국의 반의반 값도 되지 않는 뷰티 제품들과 식료품을 쇼핑하며 느끼는 만족감은 아시아 어느 여행지에서도 얻기 힘든, 블라디보스토크만의 매력으로 충족될 것이다.

Check 블라디보스토크에서 꼭 해야 할 일

- ☐ 독수리 언덕 전망대 오르기
- ☐ 킹크랩, 곰새우 같은 해산물 맛보기
- ☐ 샤슬릭(케밥)Shashlik, 보르시Borsch 등 러시아 음식 즐기기
- ☐ 각종 문화 예술(국립 마린스키 극장, 서커스 등) 즐기기
- ☐ 뷰티 제품, 식료품 쇼핑하기

1. 드나들기

비행기

서울과 부산, 대구에서 대한항공, 제주항공을 비롯한 대형, 저비용항공 국적기(2시간 40분 소요)와 시베리아 항공(S7), 아에로플로트 러시아 항공(직항, 2시간 소요)이 운행되고 있다. 이르쿠츠크(4시간 30분 전후)와 하바롭스크(1시간 20분) 간에도 직항편이 있으며, 모스크바나 상트페테르부르크에서는 8시간 30분 이상 소요된다.

페리

한국의 동해항에서 블라디보스토크 여객선 터미널(블라디보스토크 기차역 뒤)까지 DBS 크루즈 페리가 주 1회 운항 중이다. 일요일 동해 출발, 화요일(12~2월) 혹은 수요일(3~11월) 블라디보스토크 출발. 편도당 23시간 소요. 자세한 정보는 홈페이지(www.dbsferry.com) 참고.

기차

블라디보스토크는 시베리아 횡단열차의 시종착역이다. 블라디보스토크에서 모스크바까지는 약 1주일 정도 소요된다. 관광객들은 시베리아 횡단열차를 타보기 위해 보통 블라디보스토크-하바롭스크 구간의 야간 열차를 많이 이용하는데, 약 12시간 전후로 소요된다. 열차 티켓은 러시아 철도청 홈페이지(www.eng.rzd.ru)에서 예약 및 구매할 수 있다 (p.35 참고).

Tip 1

훼손 여권 입국 불가

블라디보스토크는 입국 심사 시 여권 훼손 여부를 까다롭게 체크한다. 신원정보면에 얼룩이 있거나, 사증란이 절취된 경우, 낙서, 스티커 부착, 기념용 스탬프 자국이 있는 여권은 입국이 거부되는 일이 종종 있다. 항공사에 따라서는 한국 공항 체크인 과정에서부터 비행기 탑승이 거부되기도 한다.

Tip 2

공항에서 유심 칩 구입하기

공항 도착홀로 나오면 통신사 부스(유심 칩)가 보인다. MTC(붉은색)나 Beeline(노란색과 검은색 줄무늬)을 많이 사용하며 사용 기간, 핫스팟 여부(MTC만 가능), 사용지역(블라디보스토크에서만 사용할지 하바롭스크, 이르쿠츠크 등의 주변 도시에서도 사용할지 선택)에 따라 요금이 달라진다. 블라디보스토크 시내에서 구입할 경우, 기차역이나 아르바트 거리의 통신사 매장으로 가면 된다.

Beeline

MTC

Tip 3

블라디보스토크 공항시설

공항이 매우 작아 건물 한 층에 국제선, 국내선 수속 카운터가 있다. 도착홀에는 통신사 부스, 환전소, 관광안내소, 카페, 해산물 판매점(킹크랩, 얼린 곰새우 등 판매), 편의점, 기념품 숍 등이 자리해 있다. 출국 시 1층에서 체크인(출발 2시간 전 수속 카운터 오픈)을 마치고 2층으로 올라가 출국수속을 마치면 면세구역으로 이어진다. 면세구역에는 살 만한 물건이 마땅치 않고, 가격도 비싸므로 쇼핑은 시내에서 마치도록 하자.

공항 환전소

Information

2. 공항에서 시내로 이동하기

미니버스

공항 출입문으로 나와 횡단보도를 건너면 버스 스탠드가 있고, 한 번 더 길을 건너면 택시 부스가 있다. 버스 107번을 이용하면 블라디보스토크 기차역까지 갈 수 있다. 버스는 오전 6시 50분부터 오후 8시까지 30분~1시간 간격으로 출발한다. 시내에서 공항으로 올 때는 블라디보스토크 기차역 앞에서 탑승하며 첫차는 오전 5시 40분, 막차는 오후 5시 20분이다. 20분~1시간에 1대꼴로, 정확한 시간은 현지 확인 필수. 요금은 1인당 200루블, 캐리어 100루블 추가. 1시간 20분 소요.

택시

공항 도착홀 출구 쪽에 '택시TAXI'라고 쓰인 노란 부스에서 미리 요금을 지불(시내까지 1,500루블, 3인 · 캐리어 3개 기준)하고 지정된 택시를 타는 것이 가장 편한 방법이다. 개별적으로 택시를 잡아 시내로 나갈 때는 바가지를 씌우는 택시기사들도 있기 때문에 사전 확답이 반드시 필요하다. 스마트폰 애플리케이션을 이용해 **얀덱스**Yandex나 **막심**Maxim **택시**를 부르면 시내까지 1,000루블 정도 든다. 하지만 최근 이들 택시의 사기 사례가 자주 신고돼 주의해야 한다(p.41 참고).

공항철도

공항 도착홀로 나와 오른쪽 끝으로 가면 공항철도역으로 통하는 출입구가 나온다(홀 바닥에 공항철도 방향을 안내하는 붉은색 스티커가 붙어 있으므로 따라가면 된다). 1인 230루블(이코노미석)이며, 1시간 정도 소요된다. 쾌적하고 시간도 절약되며, 바닷가를 따라 철도가 나 있어 전망이 매우 아름답다(시내로 들어갈 때는 진행방향 오른쪽, 공항으로 올 때는 진행방향 왼쪽에 앉아야 전망을 즐길 수 있다). 시간만 맞는다면 공항철도 이용을 추천한다. 열차시간은 변동될 수 있으므로, 현지에서 재확인을 꼭 하도록 하자.

High-speed train to Vladivostok

Скорый Электропоезд во Владивосток

Tip 4

픽업 서비스

나홀로 여행객들이 편하고 저렴하게 이동할 수 있는 방법은 아지트 게스트하우스나 여행사 등에서 제공하는 픽업 서비스를 이용하는 것이다. 아지트는 게스트하우스에 숙박하지 않는 여행객도 이용할 수 있다. **문의** https://blog.naver.com/azitrussia

Tip 5

공항철도 시간

공항 → 블라디보스토크 기차역

07:42, 08:30, 10:45, 13:15, 17:40

블라디보스토크 기차역 → 공항

07:10, 09:02 , 11:51 , 16:00, 18:00

공항 안 택시 부스

시내행 버스 정류장

시내 공항철도역

공항 내 철도 연결구

3. 시내에서 이동하기

대부분의 주요 관광지는 중앙광장을 중심으로 도보로 갈 수 있는 거리에 위치해 있다. 단, 블라디보스토크 전체가 오르내림이 있는 언덕 지형이라는 점은 미리 염두에 두자. 루스키 섬과 독수리 언덕 전망대, 국립 마린스키 극장, 신한촌은 버스나 택시를 적절히 이용하면 된다.

택시

한국에 비해 요금은 저렴하지만, 기사와의 의사소통이 어렵기 때문에 기본요금의 3~4배 이상 요구하는 경우가 많다. 가능하면 스마트폰 택시 애플리케이션을 미리 다운받고 **얀덱스**나 **막심, 겟 택시**를 이용하는 것이 가장 좋은 방법이다. 사용방법은 국내 카카오 택시 애플리케이션과 비슷하다(p.40 참고).

버스

블라디보스토크에서 버스는 뒷문으로 타고 앞문으로 내린다. 내릴 때 운전사에게 요금(23루블, 일반버스와 미니버스 동일)을 지불하면 된다. 구글 맵스를 활용하면 버스 번호는 물론, 승하차 정류장, 도보 이동까지 모든 정보를 얻을 수 있어 버스 이용에 어려움이 전혀 없다.

Information

4. 기타 정보

블라디보스토크 투어리스트 인포메이션 센터

Vladivostok Tourist Information Centre

블라디보스토크가 속해 있는 프리모르스키 주Primorsky Krai(우리말로는 '연해주沿海州'라 한다) 주의 관광 인포메이션 센터로, 블라디보스토크 시내 롯데 호텔 내에 위치한다. 간단한 정보나 지도 등은 공항에 위치한 관광안내소를 이용하는 것이 편하다.

주소 ul. Semenovskaya, 29, Vladivostok
위치 롯데 호텔 2층
운영 월~금 09:00~20:00
홈피 www.tour.primorsky.ru/ko

환전하기

한국에서 달러로 환전하고, 블라디보스토크 시내 은행(녹색 간판의 스베르방크Sberbank, Сбербанк 등)에서 재환전하는 것이 가장 좋다. 당장 쓸 교통비와 비상금 정도의 소액은 공항 환전소에서 환전하거나, ATM 기계에서 국제 체크카드를 이용해 러시아 루블을 인출한다.
아르바트 거리에서 환율이 가장 좋은 은행은 사밋방크다. 50달러 이상의 고액권만 환전 가능하며, 구권이나 훼손이 심한 지폐 역시 환전이 불가능하다.

사밋방크Sammit Bank | Саммит банк
주소 ul. Admirala Fokina, 20, Vladivostok
위치 아르바트 거리 추다데이에서 도보 3분
운영 월~토 09:00~20:00, 일 10:00~19:00

공항 도착홀 ATM

스베르방크 ATM(녹색)

Tip 6
긴급연락처
블라디보스토크 한국 영사관
(하바롭스크 포함 관할)
주소 ul. Pologaya, 19, Vladivostok
전화 **근무 시간 중**
(+7-4232) 402-222
근무 시간 외 및 비상시
(+7-914) 712-0818, 072-8347
한국영사 콜센터
810800-2022-2082

유심 칩

시내 곳곳에 MTC나 Beeline 매장이 눈에 띈다. 관광객이 가장 자주 찾는 클레버 하우스 1층에 MTC 매장이, 길 건너편에 Beeline 매장이 있다. 사용기간과 핫스팟 여부, 사용지역(블라디보스토크 혹은 러시아 전역)에 따라 요금이 달라지며 여권이 꼭 필요하다.

블라디보스토크 평균 기온과 옷차림

	1월	2월	3월	4월	5월	6월	7월	8월	9월	10월	11월	12월
최고기온(℃)	−8	−6	2	9	15	17	21	23	19	12	3	−6
최저기온(℃)	−16	−14	−6	1	6	11	15	17	13	5	−4	−13
비/눈(일)	3	3	4	7	8	11	11	10	7	6	4	3

블라디보스토크는 6월이 지나야 봄기운이 돌며, 10월부터는 기온이 떨어져 점차 강추위로 접어든다. 6~9월에도 아침저녁으로 겉옷이 필요하다. 이상기후 영향으로 7 · 8월에 30℃ 이상 고온 현상이 나타나기도 한다.

Tip 7
한국어 가이드 투어
패키지는 싫지만 가이드의 설명이 아쉬운 자유여행객들이 많이 찾는 일일 가이드 투어. 반나절 블라디보스토크 시내 워킹 투어, 박물관 투어, 야경 투어를 비롯해, 우리의 항일 역사를 제대로 알고 즐길 수 있는 우수리스크 역사 투어, 루스키 섬 트레킹 투어 등 다양한 투어들을 선택할 수 있다. 마이리얼트립(www.myrealtrip.com)에서 블라디보스토크를 검색하면 된다.

5. 일정

주말을 이용해 2박 3일 여행을 계획한다면, 블라디보스토크 시내 관광지에 하루를 투자하고, 반나절은 루스키 섬의 아름다운 자연을 즐겨보자. 클레버 하우스나 추다데이, 기념품 쇼핑 시간도 꼭 필요하다.

1일

오후 도착, 숙소 체크인 → **아르바트 거리** p.92 → **해양공원** p.92 → 저녁식사

2일

포크롭스키 성당 p.94 → 블라디보스토크 기차역 p.95 → **중앙광장** p.93 → **굼 올드 코티야르** p.96 → 니콜라이 2세 개선문 p.96 → **꺼지지 않는 불꽃** p.95 → 수하노프의 집 p.100 → **독수리 언덕 전망대(일몰)** p.97

3일

루스키 섬(토비지나 곶) 트레킹 혹은 **프리모르스키 아쿠아리움** p.102, p.103 → 노빅 컨트리클럽 테라스-레스토랑에서 점심식사 p.116 → 공항 이동

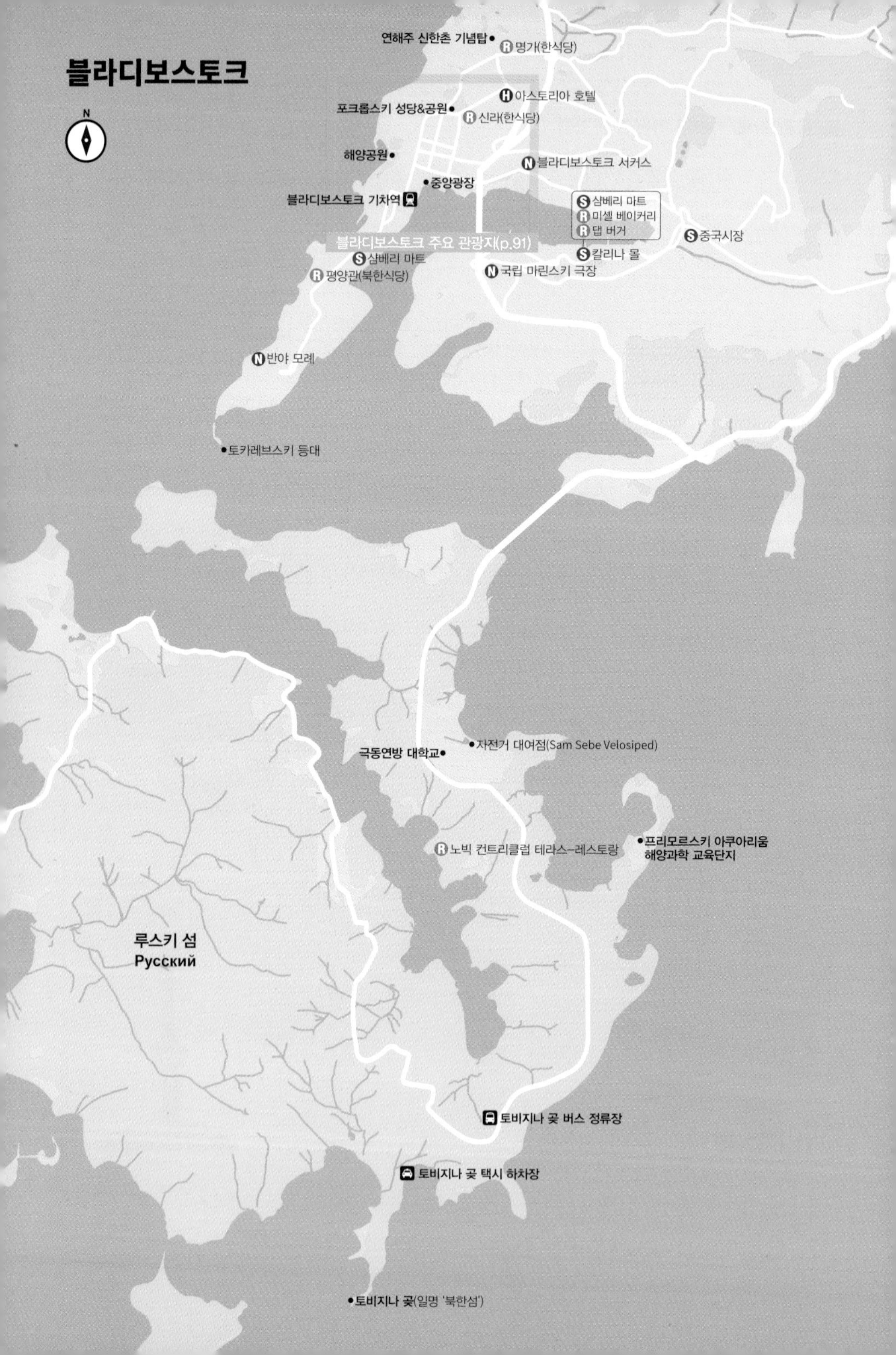
블라디보스토크
N
연해주 신한촌 기념탑
R 명가(한식당)
H 아스토리아 호텔
포크롭스키 성당&공원
R 신라(한식당)
해양공원
N 블라디보스토크 서커스
중앙광장
블라디보스토크 기차역
S 삼베리 마트
R 미셸 베이커리
R 댑 버거
S 중국시장
블라디보스토크 주요 관광지(p.91)
S 삼베리 마트
S 칼리나 몰
R 평양관(북한식당)
N 국립 마린스키 극장
N 반야 모레
토카레브스키 등대
자전거 대여점(Sam Sebe Velosiped)
극동연방 대학교
프리모르스키 아쿠아리움
해양과학 교육단지
R 노빅 컨트리클럽 테라스-레스토랑
루스키 섬
Русский
토비지나 곶 버스 정류장
토비지나 곶 택시 하차장
토비지나 곶(일명 '북한섬')

블라디보스토크 주요 관광지

Sightseeing ★★★

❶

아르바트 거리 Arbat Street

흔히 '아르바트'라고 불리는 이 거리의 공식명칭은 '아드미랄라 포키나 Admirala Fokina'다. 해군 제독이라는 뜻을 가진 이름처럼, 해양도시 블라디보스토크의 주요 관광지를 잇는 대표적인 거리라 할 수 있다. 서쪽 바다(해양공원)를 향해 아래로 뻗어 있는 이 길은 1km가 채 되지 않지만, 모스크바의 아르바트 거리처럼 보행자 전용도로로 각종 레스토랑과 카페 등이 밀집해 있고, 날씨가 좋은 날은 다양한 거리 공연 등을 즐길 수 있다.

주소 ul. Admirala Fokina
위치 중앙광장에서 도보 5분
GPS 43.117846, 131.881238

Sightseeing ★★★

❷

해양공원 Sportivnaya Harbor | Спортивная набережная

아르바트 거리 끝의 해안을 따라 조성된 해변공원이다. 한여름에는 해수욕을 즐기는 러시아인들의 모습이, 겨울에는 얼어붙은 바다가 인상적이다. 이곳에서 보는 일몰은 놓치기 아까운 절경 중 하나. 놀이공원, 산책로, 해양수족관Oceanarium(우리나라 대형 수족관에 비하면 실망할 수 있다) 등도 들어서 있어, 주말에는 가족 나들이 장소가 된다. 한국 관광객들에겐 곰새우 먹는 곳으로도 유명하다.

주소 ul. Batareynaya, 3a, Vladivostok
위치 아르바트 거리 서쪽 끝
GPS 43.119239, 131.877029

Sightseeing ***

3

중앙광장(혁명광장) Central Square | Центральная площадь

극동지역에서 러시아 혁명을 위해 목숨을 바친 병사들의 추모탑이 세워져 있어 혁명광장Ploschad Bortsov Revolutsy이라고도 불린다. 광장 서쪽에는 연해주 정부청사(일명 화이트 하우스White House)가 들어서 있고, 국경일에는 국가행사가 열린다. 광장 동쪽에는 2010년 러시아 연방정부가 조국의 자유와 독립을 위해 희생한 블라디보스토크 사람들을 기리는 뜻에서 '군사적 영광의 도시'라는 명예의 지위를 부여하고 세운 기념탑이 자리해 있다. 그 옆으로는 화려한 황금 돔을 자랑하는 '구세주 변용 대성당Spaso-Preobrazhenskiy Sobor'이 건축 중이다. 이곳은 지난 2000년 러시아 정교회 총대주교를 지낸 알렉세이 2세가 블라디보스토크를 방문해 축성한 장소로, 1861년 최초의 이민자들이 정착한 곳이자 최초로 블라디보스토크 군사시설에 작은 목재 성당을 세운 자리로 의미가 깊다. 하지만 중앙광장이 관광객들에게 더 큰 흥미를 끄는 것은 매주 금 · 토요일에 서는 주말 장터 때문. 현지인들이 직접 생산한 식재료들과 각종 음식을 판매해 볼거리, 살 거리, 먹거리가 쏠쏠하다. 주말여행을 한다면 절대 놓치지 말자.

주소 Central Square, Vladivostok
위치 아르바트 거리에서 도보 8분
GPS 43.115145, 131.886741

군사적 영광의 도시 기념탑

구세주 변용 대성당

Sightseeing ★★☆

4

포크롭스키 성당 & 공원 Pokrovsky Cathedral | Покровский кафедральный собор

블라디보스토크에 있는 40여 개의 정교회 중 가장 큰 곳이다. 1902년 마을 묘지에 처음 세워졌으나, 구소련 시절 묘지가 문을 닫고 성당마저 폭파되었다(잔해는 극동연방 대학교 건물에 사용되었다고 한다). 지금의 성당이 5개의 돔을 가진 옛 모습으로 다시 건축된 것은 불과 2007년의 일이다. 성당 안으로 들어갈 때에는 남녀 모두 모자를 벗고, 여성은 머리카락이 보이지 않게 머플러를 둘러야 한다(머플러는 입구에 마련돼 있다).

주소 Okeanskiy pr. 44, Vladivostok
위치 중앙광장에서 도보 15분
GPS 43.124605, 131.889490

Sightseeing ★☆☆

5

성 이고르 체르니고프스키 성당
Church of St. Igor Chernigovsky | Храм Св. Благоверного Князя Игоря Черниговского

러시아 정교회의 성인 중 하나인 이고르 체르니고프스키(2층 주예배당)와 데살로니카의 거룩한 순교자 드미트리우스(1층 세례식 전용 예배당)에게 바쳐진 성당이다. 성당 측면에 놓인 어머니 동상은 정의를 지키다 죽음을 맞은 용감한 군인들을 추모하기 위해 세워졌다고 한다.

주소 ul. Fontannaya, 12, Vladivostok
위치 해양공원 수족관에서 도보 6분
GPS 43.120669, 131.880296

Sightseeing ★☆☆

6

자매도시 광장 Sister's Square | Площадь побратимов

우리나라 부산을 비롯해 자매결연 도시의 이름이 새겨진 아치들이 들어서 멋진 휴식공간을 제공하고 있다. 이곳 한쪽에는 1864년 한인들의 연해주 이주 150주년을 맞아 제작된 러시아-한국 우정의 기념비도 보인다. 공원 안쪽으로 벽화들이 그려져 사진 찍기에도 좋다.

주소 ul. Semenovskaya, 1-3, Vladivostok
위치 해양공원 수족관에서 도보 7분, 클레버 하우스에서 도보 3분
GPS 43.118935, 131.880711

Sightseeing ★★☆

7

블라디보스토크 기차역
Vladivostok Station | Вокзал Владивосток

시베리아 횡단열차와 함께 1891년 바로크 양식으로 건축되었다. 모스크바의 야로슬라브스키 기차역과 비슷한 외관을 지녔다는 것도 흥미로운 점 중 하나. 플랫폼에 들어서면 오래된 증기기관차가 서 있는데, 시베리아 철도 길이를 표시한 표지판과 함께 포토존으로 인기가 높다. 역 앞 광장 건너편에는 레닌 동상이 있는 작은 공원이 있다.

위치 중앙광장에서 도보 10분 **GPS** 43.111216, 131.881615

More&More

블라디미르 레닌
Vladimir Il'ich Lenin

러시아의 어느 도시를 가든 꼭 만나게 되는 것 중 하나가 바로 레닌 동상이다. 블라디미르 레닌(1870~1924년)은 러시아 마르크스주의 혁명가로, 프롤레타리아 독재를 표방하는 세계 최초의 사회주의 국가를 수립하였다.

Sightseeing ★★☆

8

잠수함 박물관 Museum Submarine S-56 | Музей Подводная Лодка С56

1936년 처음 제작돼 1941년 10월 러시아 태평양 함대로서 제2차 세계대전에 참전했고 독일 함대 12척을 물리치는 등 혁혁한 성과를 거둔 잠수함이다. 퇴역 후 선상박물관으로 대중에게 공개되었는데, 잠수함의 선실과 내부가 그대로 보존되어 당시 해군의 선상생활과 전투기술 등을 살펴볼 수 있다. 박물관 옆에는 제2차 세계대전 참전 용사들을 추모하는 **'꺼지지 않는 불꽃'**이 있고, 그 뒤로 **성 앤드류 소성당**Shrine Chapel of St. Andrew이 보인다. 구소련 시대의 정취가 남아 있는 곳으로 꼭 방문해보자.

주소 Korabelnaya nab. Vladivostok
위치 중앙광장에서 도보 12분
운영 09:00~20:00
요금 성인 100RUB
GPS 43.113429, 131.891277

Sightseeing ★★☆

9

굼 올드 코티야르 Gum Old Courtyard

옛날 굼 백화점의 정원이었던 곳에 콘셉트 숍과 헤어 숍, 카페, 베이커리(블라디보스토크에서 가장 맛있다는 에클레어 전문점도 있다), 레스토랑 등이 모여 있는 공간이다. 예쁜 건물과 사진 찍기 좋은 벽화, 드문드문 놓인 벤치에 평온하고 따뜻한 분위기까지 더해져 여심을 자극한다.

주소 ul. Svetlanskaya, 35, Vladivostok
위치 굼 백화점 뒤편 골목길
GPS 43.115668, 131.887125

Sightseeing ★☆☆

10

율 브리너 동상과 생가
Yul Brynner House | Памятник Юлу Бриннеру

1950년대 할리우드의 대표 스타, 율 브리너의 생가가 기차역 근처에 위치해 있다. 출생 후 한국과 일본, 프랑스를 거쳐 미국 시민권을 얻었으며 뮤지컬 〈왕과 나〉로 토니 상을, 영화 〈왕과 나〉로 아카데미 상을 받았다. 현재 그의 생가는 개방돼 있지 않고, 그 앞에 율 브리너의 동상이 서 있어 그를 기념하고 있다.

주소 ul. Aleutskaya, 15, Vladivostok
위치 블라디보스토크 기차역에서 도보 4분
GPS 43.114214, 131.881500

Sightseeing ★★☆

11

니콜라이 2세 개선문
Nikolai's Triumphal Archz

차르(황제) 니콜라이 2세의 블라디보스토크 방문을 기념하여 1891년 처음 건축된 것으로, 19세기 후반의 전형적인 러시아 건축양식을 선보여 특히 주목을 끈다. 사회주의 정권이 들어서면서 파괴되었다가 2003년 지금의 모습으로 재건축됐다.

주소 ul. Petra Velikogo, 6, Vladivostok
위치 잠수함 박물관에서 도보 2분
GPS 43.113932, 131.892445

Sightseeing ★★★

⓬

독수리 언덕 전망대 Eagle's Nest Hill Observation Deck | Орлиное гнездо

항구를 중심으로 금각교와 바다 저 멀리까지 한눈에 내려다보이는 언덕 위 전망대로, 블라디보스토크에서 가장 가볼 만한 곳이다. 낮은 낮대로, 밤은 밤대로 서로 다른 매력이 있어 두 번 방문하는 관광객들도 많다. 이곳에는 러시아 키릴 문자를 창제한 키릴로스와 메소디오스 형제의 동상이 서 있다. 전망대에 올라가기 위해서는 푸니쿨라를 탑승할 수도 있다. 푸니쿨라는 183미터의 단거리 구간을 운행하지만, 러시아에서 단 2곳(블라디보스토크와 소치)에 남아 있는 푸니쿨라로 그 의미가 크다.

위치 택시를 타거나 도보로도 접근 가능. 푸니쿨라 탑승장은 푸시킨 극장 옆

GPS 43.117573, 131.898374

Sightseeing ★☆☆

⓭

엘리너 프레이 동상 Monument to Eleanor Prey

엘리너 프레이는 1894년 남편을 따라 처음 블라디보스토크에 와 1930년까지 머문 미국 여성이다. 그녀는 이곳에서 러시아 혁명과 전쟁을 겪으며 그 생생한 모습들을 편지에 적어 미국 친구들에게 알렸다. 이 편지들은 블라디보스토크의 역사를 고증하는 중요자료로 아르세니예프 향토 박물관에서도 하나의 섹션으로 소개할 정도다. 사진 찍기 예쁜 곳 중 하나로, 니콜라이 2세 개선문을 가기 위해서 반드시 거쳐 가야 한다.

주소 ul. Svetlanskaya, 41, Vladivostok

위치 블라디보스토크 굼과 말리 굼 사이

GPS 43.115014, 131.890439

Sightseeing ***

14

연해주 신한촌 기념탑 Sinhanchon Monument

일제강점기에 일본의 강탈과 압박을 피해 연해주로 이주한 한인들은 1874년 블라디보스토크에 '개척리'라는 마을을 일궈 모여 살았다. 하지만 콜레라가 창궐한 당시 러시아 정부는 이들을 외곽으로 강제 이주시켰는데, 새로운 한인촌이라는 뜻에서 '신한촌'이라고 불렸다. 하지만 1937년 스탈린의 강제 이주 정책으로 카자흐스탄이나 우즈베키스탄 등지로 이송되어 신한촌도 사라지게 되었고, 당시 모습은 남아 있지 않다. 우리 역사에 중요한 의미를 갖는 이곳을 기억하기 위해 3.1 독립선언 80주년을 맞는 1998년 8월, 한민족 연구소가 지금의 기념탑을 세웠다. 가운데 3개의 기둥은 국내에 세워진 한성 임시정부와 상해의 대한민국 임시정부, 블라디보스토크의 대한국민의회를 뜻하는 동시에, 대한민국 국민과 북한 동포, 세계에 흩어져 있는 해외 동포를 뜻하며, 기둥을 둘러싼 8개의 작은 돌은 국내외 독립운동가들을 의미한다.

주소 ul. Khabarovskaya, 19, Vladivostok
위치 이주므루드 플라자(Izumrud Plaza) 앞에서 7t번 버스를 타고 Rechka에서 하차, 도보 7분
운영 10:00~16:00
GPS 43.134994, 131.895382

신한촌 기념탑

Sightseeing ***

15

프리모르스키 국립 갤러리

Primorsky State Picture Gallery | Приморская государственная картинная Галерея

미술관을 좋아하는 사람이라면 꼭 한번 들를 것을 추천하는 곳이다. 규모도 작고 작품 수도 250여 개 정도로 적지만, 모스크바의 트레차코프 갤러리, 푸시킨 미술관, 상트페테르부르크의 에르미타주 박물관의 지원을 받아 수준급의 작품들이 눈에 띈다. 특히 작품의 90% 이상이 러시아 작가들의 작품으로 이뤄져, 서유럽 화가들의 작품에 익숙한 사람들에게 또 다른 세계를 열어줄 것이다.

주소 ul. Aleutskaya, 12, Vladivostok
위치 블라디보스토크 기차역에서 도보 5분
운영 화~일 11:00~19:00
휴무 월요일
요금 성인 상설전 200RUB, 특별전 포함 350RUB, 매월 셋째 주 목요일 무료
GPS 43.114376, 131.881954

Sightseeing ★★☆

⑯

아르세니예프 향토박물관

Arseniev State Museum of Primorsky Region | Приморский музей имени Арсеньева

선사시대부터 제2차 세계대전에 이르기까지 연해주 지역의 역사를 정리해 놓은 곳이다. 1층에는 이 지역에서 발굴된 유물들과 구소련 시대의 도자기, 칼 컬렉션이 전시돼 있다. 2층에는 우리에게도 흥미로운 발해의 역사 유물과 이곳에 살았던 원주민들의 생활상 및 문화를 접할 수 있다. 또한 러시아인들의 극동 진출과정 및 이주와 더불어 어떻게 연해주에 자리를 잡고 외국 무역을 발달시켜 왔는지 알 수 있다. 3층은 러시아 혁명과 제1, 2차 세계대전을 테마로 한다. 볼거리가 많지 않지만, 매표소에서 제공하는 무료 한국어 설명서가 있어, 연해주의 역사 이해에 큰 도움이 된다.

주소 ul. Svetlanskaya, 20, Vladivostok
위치 아르바트 거리 추다데이에서 도보 3분
운영 10:00~19:00, 매월 첫 번째 월요일 무료
요금 성인 400RUB
홈피 www.arseniev.org

GPS 43.116380, 131.882121

Sightseeing ★★☆

⑰

요새박물관 Museum Vladivostok Fortress | Владивостокская Крепость

블라디보스토크에 처음 요새가 건설된 것은 19세기 후반이었는데 1904~1905년 러일전쟁을 거치며 도시의 요새화는 더욱 가속화되었고, 그 흔적의 하나가 바로 해양공원 북단에 자리한 이 요새라 할 수 있다. 1930년대 중일전쟁에 따른 방어체계 강화로 루스키 섬에 새로운 요새가 건설되면서, 블라디보스토크 요새는 군사적 기능을 상실하였고, 오늘날 전쟁박물관으로 꾸며져 대중에게 공개되고 있다. 해양공원이 한눈에 내려다보이는 이곳에는 당시의 벙커와 대포 외에도 장갑차, 미사일 같은 현대적인 군사 무기들과 블라디보스토크 일대의 요새 모형들, 러시아 전쟁사의 사진자료 등이 전시돼 있다.

주소 ul. Batareynaya, 4A, Vladivostok
위치 해양공원 북쪽
운영 10:00~18:00
요금 성인 200RUB

GPS 43.121766, 131.875982

Sightseeing ★★★

⑱

수하노프의 집 House of Official Sukhanov | Дом Чиновника Суханова

블라디보스토크에 얼마 남지 않은 19세기 목조 건물 중 하나로, 20세기 초 블라디보스토크의 생활 모습을 짐작해 볼 수 있는 곳이다. 지방행정 고문으로 부임해 온 수하노프는 아내와 함께 딸 넷, 아들 셋을 키우며 이곳에서 거주했는데, 이 집에는 이들이 사용했던 가구와 생활용품들이 당시 모습 그대로 전시돼 있다. 입장 시 이 집과 수하노프 가족의 역사를 상세하게 소개한 한글 안내서를 무료로 제공하기 때문에, 당시의 생활 문화 이해에 큰 도움이 된다.

주소 Ulitsa Sukhanova, 9, Vladivostok
위치 굼 백화점에서 도보 15분
운영 10:00~19:00
요금 150RUB, 매월 첫 번째 월요일 무료
홈피 www.arseniev.org
GPS 43.117362, 131.895066

Sightseeing ★☆☆

⑲

아르세니예프의 집-박물관 House-Museum of V.K.Arsenyev | Дом-музей В.К.Арсеньева

여행가이자 탐험가, 지리학자로 알려진 아르세니예프가 1928년부터 1930년 사망할 때까지 거주했던 집이다. 1872년 상트페테르부르크에서 태어난 아르세니예프는 30년간 극동 지역에 거주하면서 당시 미개척지로 남겨진 지역들을 연구하고 지도 제작 및 관련 서적을 출간해 세상에 소개하는 등 활발한 활동을 펼쳤다. 20세기 초에 지어진 이 벽돌집 2층 공간에는 그와 가족들이 생활하던 거실 및 서재가 당시의 모습대로 복원돼 있다. 그 외 가족사진 및 각종 문서, 그가 출간한 서적 등도 볼 수 있다. 입장료에 비해 볼거리도 적고 영어 설명도 부실하다.

주소 Ulitsa Arsen'yeva, 7Б, Vladivostok
위치 블라디보스토크 기차역에서 도보 8분
운영 10:00~19:00
요금 150RUB, 매월 첫 번째 월요일 무료
홈피 www.arseniev.org
GPS 43.112151, 131.874956

Sightseeing ★★☆

⓴

아트에따쉬 현대미술관 Artetazh Артэтаж

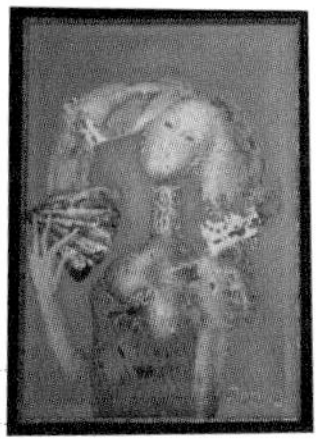

1990년에 문을 연 미술관으로, 20세기 중반 이후 극동 지역 예술가들의 작품과 전 러시아 및 해외 예술가들의 현대 작품들을 전시해 놓았다. 건물 2층은 기획전으로, 3층은 상설전으로 구성돼 있으며, 작품 수는 많지 않지만, 회화, 조각, 설치미술 등, 무료입장이 고마울 만큼 좋은 작품들이 많다. 시내 중심에 위치해 있으므로, 미술 관람을 좋아하는 사람이라면 꼭 한번 가보자.

주소 Ulitsa Admirala Fokina, 9/11, Vladivostok
위치 중앙광장에서 도보 3분
운영 수~일 10:00~19:00
휴무 월, 화요일
요금 무료

GPS 43.117118, 131.885788

Tip 현대미술 마니아라면?

현대 러시아 작가들의 작품에 좀 더 관심 있다면, 러시아 예술가 연합 Union of Russian Artists 프리모르스키 지부의 전시장(프리모르스키 국립 갤러리 바로 옆)으로 가보자. 꾸준하게 기획전이 열리는 곳으로, 전시회 일정은 홈페이지에서 확인 가능하다.

주소 Ulitsa Aleutskaya, 14 a, Vladivostok
요금 전시회에 따라 무료 혹은 유료
홈피 www.artprim.com

Sightseeing ★★☆

㉑

토카레브스키 등대 Mayak Tokarevskiy | Маяк Токаревский

1876년에 세워진 토카레브스키 등대('마약Mayak'은 등대라는 뜻)는 블라디보스토크에서 가장 오래된 것으로, 현재는 관광용으로만 사용 중이다. 겨울철 외에 바닷물이 얼지 않으면 썰물 때에 맞춰야 등대까지 닿을 수 있다. 하지만 밀물 시 멀리 고립된 듯 서 있는 등대 모습도 꽤 볼 만해 많이들 찾는다.

위치 택시 이용 혹은 시내에서 57, 59, 60, 62, 81번 등 'Маяк'이라고 쓰인 버스를 타고 종점에서 하차 후 도보 30분 이상

GPS 43.073180, 131.843173

Tip 밀물&썰물 시간은 언제?

아래 홈페이지로 접속해 맨 위의 'Tides by Country'를 Russia, Primorsky Krai, Vladivostok로 설정 후 'Go'를 클릭한다.

홈피 www.tide-forecast.com

Sightseeing ★★★

㉒

토비지나 곶 Cape Tobizina | Мыс Тобизина

루스키 섬은 블라디보스토크 반도 남쪽에 떨어져 있다. 개발의 손을 타지 않아 자연 그대로의 모습을 간직하고 있으며, 섬 곳곳에 해변과 야외 피크닉 시설들이 갖춰져 있어 현지인들도 많이 찾는다. 이곳에서 특히 사랑받는 곳은 토비지나 곶Mys Tobizina으로, 한국 관광객들 사이에서 일명 '북한섬'이라고 불린다. 섬 남단 바다 끝으로 북한 지도 모양의 언덕이 내리뻗어 있기 때문인데, 그 경치가 상당히 아름답다. 택시에서 내려 토비지나 곶까지는 왕복 1시간 30분 정도 트레킹을 해야 하지만, 공기도 맑고 전망도 훌륭해 충분히 걸을 만하다. 운동화는 필수.

위치 **택시** 얀덱스나 막심 택시 애플리케이션에 '토비지나 곶'을 목적지로 입력하면, 버스 정류장이 있는 큰길에서 훨씬 안쪽으로 들어와 트레킹 시작점에 내려준다(500~700RUB, 네이버 카페 '러사모'나 호스텔, 게스트하우스에서 동행을 구하는 사람들이 많다). 길이 잘 나 있어 구글 맵스를 따라가면 어렵지 않게 북한섬까지 도착할 수 있다. 시내로 나올 때에는 애플리케이션 서비스가 안 되므로, 타고 온 택시를 대기시키거나(대기요금 1,000RUB 정도), 버스 정류장까지 훨씬 더 걸어 나와 버스를 이용하거나 택시를 잡도록 한다.

버스 이주므루드 플라자 앞 버스 정류장에서 29д번을 탑승한 후 극동연방 대학교 캠퍼스를 지나 TETs Kommunalnaya 정류장에서 하차한다. 토비지나 곶까지는 도보로 왕복 3시간 이상 걸린다.

GPS 42.944871, 131.870547

Sightseeing ★★☆

㉓

프리모르스키 아쿠아리움 해양과학 교육단지

Primorsky Aquarium Scientific-Educational Complex
Приморский океанариум Научно-образовательный комплекс

2016년 9월 루스키 섬에 개장한 해양박물관이다. 러시아 아쿠아리움 중 유일한 국립 과학아카데미 부속 기관으로, 축구경기장 5개를 합친 정도의 규모에 135개의 수족관, 돌고래쇼장, 해저 터널 수족관 및 대형 심해 수족관 등이 있다. 전시실은 크게 해양생물 진화관, 러시아 해양관, 세계 해양관으로 나뉘며, 살아 있는 해양 생물들은 물론 수중 공룡, 악어 같은 거대 모형들도 관람객의 시선을 사로잡는다. 세상에서 가장 깨끗한 수질의 바이칼 호수를 비롯해 극동 지역의 해양생태 환경을 주제로 한 러시아 해양관과 아마존 강의 생태환경을 테마로 한 열대우림관 역시 이곳의 자랑. 하지만 가장 큰 인기는 돌고래쇼다. 매일 11시와 15시에 30분간 공연하는데, 하얀 돌고래 벨루가와 바다코끼리들의 쇼도 포함돼 있다. 바이칼 물개 먹이 주기(13시 30분), 펭귄 먹이 주기(13시, 18시), 가오리쇼(13시 30분) 등의 볼거리도 있다.

주소 ul. Akademika Kasyanova, 25, Russkiy, Primorskiy kray
위치 택시(얀덱스 편도 400루블 정도) 또는 15, 63, 74, 76, 77번 버스 탑승 후 아쿠아리움 정문 앞에서 하차. 정문에서 아쿠아리움까지 도보 10분, 혹은 무료 셔틀버스 이용 (15~20분 간격)
운영 화 · 목~일 10:00~20:00 (수요일은 사전 예약한 단체에 한함)
휴무 월요일
요금 성인 1,000RUB, 어린이 500RUB, **돌고래쇼 포함 시** 성인 1,200RUB, 어린이 600RUB
홈피 www.primocean.ru

GPS 43.014523, 131.930495

Sightseeing ★☆☆

㉔

극동연방 대학교

Far Eastern Federal University | Дальневосточный государственный университет

차르(황제) 니콜라이 2세의 명령 하에 1899년에 설립된, 극동지역에서 가장 큰 종합대학이다. 특히 2013년부터는 APEC 정상회담이 열렸던 루스키 섬으로 캠퍼스를 옮겨, 러시아에서 가장 큰 캠퍼스를 자랑하게 되었다. 거대한 현대식 건물과 공원, 해변이 공존하는 캠퍼스에는 자전거 대여점이 있어 일반인들의 나들이 장소로도 인기가 많다.

주소 Kampus DVFU, Russkiy, Primorskiy kray
위치 이주므루드 플라자 앞 버스 정류장에서 15, 29д, 63번 버스를 타고 DVFU 정류장에서 하차, 약 50분 소요
홈피 **대학교** www.dvfu.ru,
자전거 대여점(Sam Sebe Velosiped) www.samsebevelo.ru

GPS 43.025599, 131.895124

© dvfu_fefu

Food

1

해양공원 킹크랩 & 곰새우 마켓 Seafood Market

레스토랑보다 저렴하게 해산물을 즐길 수 있는 곳으로, 해양공원 중앙 분수대를 중심으로 북쪽에는 크랩 마켓Crab Market이, 남쪽에는 시푸드 간이 매대가 있다. 두 곳 다 냉동 킹크랩과 곰새우를 판매하고, 비닐 봉투째로 전자레인지에 돌려 데워주는 방식이다. 우리나라 방송에서도 소개된 크랩 마켓은 실내 테이블 좌석이 잘 구비돼 있는 반면, 남쪽 시푸드 간이 매대는 온전히 야외 테이블이라 겨울철 이용이 어렵다. 가격은 남쪽에 있는 간이 매대가 좀 더 싸다.

위치 해양공원 내
운영 10:00~21:00
요금 해산물은 시가로 g(그램) 단위로 판매, 곰새우는 1kg당 1,800~2,700RUB 정도, 전자레인지 사용료(300RUB)
GPS 북쪽 43.120453, 131.874768
남쪽 43.119830, 131.876509

Tip 크랩 마켓의 장단점

최근 방송을 보고 찾아오는 한국 관광객들이 많아지면서 가격이 수직상승했다. 냉동제품을 데워 먹는 것인 만큼 실제 레스토랑의 요리보다 맛이 떨어지는 것도 사실. 그나마 킹크랩보다 곰새우가 가성비 면에서 낫다. 물티슈나 초고추장을 챙겨 가면 좋다.

Food : 추천

2

주마 Zuma

킹크랩으로 유명한 고급 레스토랑이다. 현지 물가를 고려해보더라도 크랩은 비싼 편이지만, 생물을 먼저 보여주고 요리를 해 믿을 수 있고 맛도 좋은 데다 실내 분위기도 세련돼 인기가 많다. 해산물 외 양고기 요리도 맛있고, 한국어 메뉴판이 있어 주문하기 편하다. 한국 관광객들에게만 서비스 부가요금 12%를 부과해 갑론을박이 있지만, 여전히 예약이 필수일 만큼 사람들로 붐빈다.

주소 ul. Fontannaya, 2, Vladivostok
위치 해양공원에서 도보 5분
운영 11:00~02:00
요금 킹크랩 1kg당 3,000RUB~ (시가, 보통 1마리에 2~3kg 정도)
홈피 www.zumavl.ru
GPS 43.121346, 131.878174

Food : 추천

3

아가뇩 Ogonek

주마와 함께 킹크랩 맛집으로 가장 많이 언급되는 곳이다. 아스토리아 호텔 1층에 위치해 있으며, 아침에는 호텔 조식당으로도 이용된다. 아가뇩은 중간 유통업자 없이 직접 선별한 농장에서 신선한 재료들을 들여와 조리하는 것으로 유명하다. 대부분의 한국인 여행객들은 킹크랩(캄차카 게)과 가리비관자 볶음, 새우 파스타 등 시푸드를 주로 주문하지만, 각종 스테이크나 보르시, 나폴레옹 같은 러시아 전통 음식도 맛볼 수 있다. 주말이나 성수기에는 좌석 예약 필수(한글 홈페이지 예약란 이용).

주소 Partizanskiy Prospekt, 44-6, Vladivostok
위치 중앙광장에서 2.5km, 택시나 버스 이용
운영 12:00~01:00
요금 킹크랩 1kg당 1,950RUB, 스테이크 980RUB~, 보르시 480RUB
홈피 www.kr.ogonekvl.ru
GPS 43.127110, 131.901562

Food : 추천

4

안녕하새우(킹크랩&곰새우 배달)

러시아에서만 맛볼 수 있는 곰새우는 일반 레스토랑에서 잘 취급하지 않기 때문에, 해양공원 크랩 마켓이나 중국시장 수산물 코너를 이용해야 한다. 전자레인지에 돌려 맛이 떨어지지도 않고 굳이 찾아갈 필요도 없이 내 숙소에서 곰새우를 받아 맛있게 먹을 수 있는 방법, 바로 배달 업체를 이용하는 것이다. 안녕하새우는 러시아 정보가 가장 많은 네이버 카페 '러사모'가 인정한 업체로, 중국시장과 카마로바 시장에 매장을 갖고 있다. 카카오톡 플러스친구에 '안녕하새우'를 추가하고 주문하면 된다. 곰새우 외에도 킹크랩, 왕새우도 판매하며, 보냉팩에 뜨거운 물과 함께 10분간 담갔다 먹으면 된다.

운영 당일 주문 마감 18시, 배달 09:00~22:00
요금 곰새우 1kg당 1,000RUB~, 킹크랩(다리만) 1kg당 1,800RUB~, 왕새우 1kg 1,000RUB, 배달료 200RUB, 보냉팩 150RUB~
홈피 인스타그램 crab_vladi

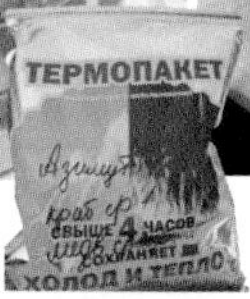

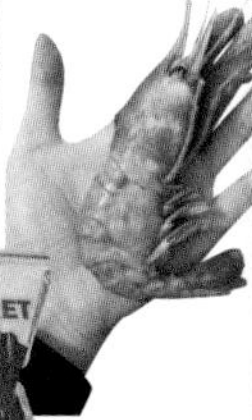

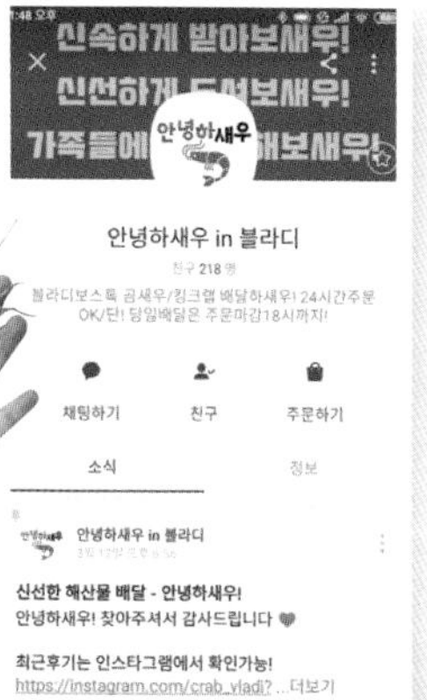

Food : 추천

5

피자욜로 Pizzaiolo

'피자 전문 요리사'라는 이름이 수긍 갈 만큼 맛있는 피자에 착한 가격으로 입소문 난 곳이다. 피자의 종류와 크기를 선택해 주문하면 그 자리에서 만들어 화덕에 구워주는데, 깔끔하고 담백한 맛이 자꾸만 생각날 정도. 피자 외에도 파스타, 라비올리, 홈메이드 에이드가 평이 좋다. 실내는 좁고 손님은 많아 테이크아웃도 많이 해간다.

주소 Svetlanskaya St, 9, Vladivostok
위치 아르바트 거리에서 도보 3분
운영 09:00~23:00
요금 피자 230RUB~, 파스타 310RUB~
홈피 www.pizza-vl.ru

GPS 43.116647, 131.881551

Tip 피자 맛집 추가요~

피자 M Pizza M은 24시간 운영하는 이탈리안 레스토랑으로, 피자와 까르보나라 파스타가 맛있기로 유명하다. 젬추지나, 테플로 호텔 지척에 위치해 있으며, 분위기도 좋고 실내 좌석도 여유가 있다. 피자 300RUB~. 피자 한 판을 다 먹기 부담스러운 나홀로 여행자들에겐 **오키도키**Oki Doki도 괜찮다. 일종의 피자 패스트푸드점으로, 10여 종류의 피자를 조각으로 판매하는데, 피자 크기도 크고 가격도 78RUB 정도로 저렴하다.

피자 M
주소 Pos'yetskaya Ulitsa, 20, Vladivostok
위치 블라디보스토크 기차역에서 도보 5분
운영 24시간

오키도키
주소 Svetlanskaya St, 7, Vladivostok
위치 아르바트 거리에서 도보 4분
운영 10:00~20:00

Food

6

도너 케밥 Doner Kebab

한국의 모 여행 프로그램에서 방송된 이후, 한국인들이 줄 서서 먹는 대표 간식 중 하나가 됐다. 도너 케밥은 큰 꼬챙이에 고깃덩어리를 구운 후 얇게 저민 고기들을 야채와 함께 피타 빵에 싸서 먹는 터키 음식. 양, 소, 닭고기 종류가 있으며, 가격은 저렴하진 않지만, 양이 상당해 간식용이라면 2인 1 케밥도 괜찮다.

주소 Ulitsa Aleutskaya, 37-35, Vladivostok
위치 클레버 하우스 앞, 맥도날드 표시 거꾸로 된 가판매장
요금 케밥 200RUB

GPS 43.118917, 131.883545

Food : 추천

7

뮌헨 Munich Pub | Мюнхен

독일 바이에른 지역의 대표적인 맥아 제조소 바이어만Weyermann에서 생산한 맥아를 사용해 직접 제조한 신선한 맥주를 맛볼 수 있는 곳이다. 라거, 엠버, 다크 외에도 달콤한 체리맛의 크릭크Kriek 맥주도 있다. 단짝 안주인 독일식 소시지나 간단한 감자튀김을 많이 찾지만 우설 그릴이 맛있다는 평이 많다. 주말 저녁에는 라이브 공연이 열리고(스케줄은 홈페이지에서 확인 가능), 대형 스크린과 모니터에 스포츠 경기를 띄워 전형적인 독일식 펍 분위기를 느낄 수 있다. 참고로 중앙광장 근처의 홀리홉Holy Hop 역시 맛있는 수제 맥주, 칵테일로 유명한 곳이다. 친절한 스태프에 맛있는 안주, 분위기까지 더해져 현지인들이 많이 찾는다.

- 주소 Svetlanskaya St, 3, Vladivostok
- 위치 아르바트 거리에서 도보 3분
- 운영 12:00~02:00
- 요금 맥주 160RUB~, 우설 그릴 590RUB, 감자튀김 180RUB
- 홈피 www.munichpub.com
- GPS 43.116865, 131.880376

Food

8

미셸 베이커리 Michel's Bakery | Пекарня Мишеля

블라디보스토크 공항을 비롯해 시내 8개의 매장이 성업 중인 카페 겸 베이커리다. 프랑스 파리에서 처음 시작된 만큼 바게트나 크루아상, 바게트 샌드위치, 키슈, 에클레어 같은 프랑스 빵과 디저트를 판매한다. 이곳에서 특히 주목해 볼 것은 나폴레옹наполеон(러시아식 밀푀유)과 메도빅Медовик(꿀 케이크) 같은 러시아 전통 디저트. 한번 먹어보면 왜 러시아의 대표 디저트라 하는지 수긍이 간다. 트렌디하게 꾸민 편안한 실내에 러시아에서 드문 아이스커피도 판매해 한국인들이 많다.

- 위치 굼 백화점 내, 롯데 호텔, 해양공원 근처 등(지도 참고)
- 운영 09:00~23:00(매장마다 다름)
- 요금 크루아상 200RUB, 아이스커피 130RUB, 샌드위치 230RUB, 디저트 케이크 160RUB~
- 홈피 www.michelbakery.ru
- GPS 해양공원점 43.117146, 131.878361

Food

9

스탈로바야 8 미니츠 Dining 8 Minutes | 8 МИНУТ столовая

스탈로바야는 우리의 뷔페식 서민식당으로, 현지인들이 자주 먹는 가정식 요리들을 저렴한 가격에 맛볼 수 있는 곳이다. 먼저 쟁반과 수저, 포크 등을 챙겨 바Bar를 지나면서 원하는 음식을 가리키면 접시에 담아 쟁반에 올려준다. 샐러드, 메인요리, 빵, 디저트, 음료 등 섹션별로 구비돼 있으며, 가장 마지막에 있는 음료 섹션 뒤 계산대에서 일괄 계산하면 된다. 한꺼번에 만들어놓고 파는 음식이라 점심, 저녁 시간대 외에는 식은 음식을 먹을 수 있으며, 이것저것 고르다 보면 가격이 눈덩이만큼 불어난다는 사실에 주의하자.

아르바트 거리 근처

주소 Svetlanskaya St, 1, Vladivostok 운영 08:00~22:00

요금 육류 메인 90RUB 내외, 야채 사이드 50RUB 내외

GPS 43.117040, 131.879738

기차역 근처

주소 Ulitsa Aleutskaya, 11, Vladivostok

위치 기차역에서 도보 3분

GPS 43.113116, 131.880981

Food

10

리퍼블릭 Republic

스탈로바야 8 미니츠와 같은 콘셉트의 뷔페식 식당이다. 블라디보스토크 기차역 앞과 서커스 근처, 중앙광장 근처에 지점이 있는데, 기차역 앞은 한국의 모 여행 방송에도 소개된 바 있다. 하지만 좀 더 제대로 된 식사를 즐길 수 있는 곳은 중앙광장 근처 지점. 이곳의 핫밀Hot Meal은 주문과 함께 그 자리에서 바로 요리해 준다. 특히 웍 요리에 쌀밥을 더하면 우리 입맛에도 잘 맞는 덮밥이 돼 한식이 그리운 사람들에게 딱 좋다. 디저트와 샐러드, 음료 등 원하는 것도 함께 쟁반에 담아 계산대에서 한꺼번에 계산하면 된다.

주소 Ulitsa Admirala Fokina, 20, Vladivostok

위치 중앙광장에서 도보 3분 (사밋방크 환전소 옆)

운영 09:00~24:00

요금 웍 요리 150~200RUB

GPS 43.116917, 131.885384

기차역 앞 지점

중앙광장 근처 지점

Food : 추천

11

브이싸따 Vysota | Высота

지대가 높은 독수리 전망대 인근에 위치한 데다 건물 19층에 자리해 금각교가 한눈에 내려다보이는 고급 레스토랑이다. 로맨틱한 일몰과 야경, 분위기 있는 라이브 연주 덕에, 현지인들 사이에선 각종 이벤트 및 기념일 장소로 유명하다. 고급스러운 분위기와 서비스에 비해 파스타 1만 2천 원~, 스테이크 2만 2천 원~, 킹크랩 kg당 5만 원~ 등의 가격대를 보여, 한 번쯤은 지갑을 열어볼 만한 곳이다. 창가 자리는 예약 필수(인스타그램 @vysota_207).

주소 Aksakovskaya Ulitsa, 1, 19th floor, Vladivostok
위치 건물 입구에서 초인종을 누른 후 레스토랑을 간다고 하면 문을 열어준다. 엘리베이터를 타고 꼭대기 층에 내린 후 2층을 더 걸어 올라간다.
운영 12:00~24:00
요금 1인당 3만 원~
홈피 www.vysota207.ru
GPS 43.119325, 131.895552

Food

12

파조 커피 랩 Pazzo Coffee Lab

럭셔리한 분위기에 고급스러운 서비스를 느낄 수 있는 이탈리안 레스토랑이다. 피자, 파스타, 리소토, 블린 등 맛도 좋고 플레이팅도 예쁜데 가격도 비싸지 않은 편. 커피 맛이 살짝 아쉬운 블라디보스토크에서 꽤 괜찮은 커피도 즐길 수 있다. 러시아어 메뉴판만 있을 만큼 현지인들이 대부분이다.

주소 Ulitsa Lazo, 8, Vladivostok
위치 니콜라이 2세 개선문에서 독수리 언덕 전망대 가는 언덕길
운영 09:00~24:00
요금 피자 380RUB~, 파스타 380RUB~, 커피 120RUB~
홈피 www.pazzocoffeelab.ru
GPS 43.115609, 131.895220

Food

⑬

프로 커피 ProKofiy | ProКофий

여행 예능 프로그램 〈원나잇 푸드 트립〉 테이 편에 나와 한국 네티즌들 사이에서 일명 '테이 커피'로 유명한 곳이다. 이 집을 대표하는 커피는 알록달록한 아트 라테로 시선을 끄는 '아티스틱 커피 카푸치노'. 눈이 즐겁지만 당도가 상당해 호불호가 갈린다. 생각보다 작지만 빈티지한 분위기에 예쁘장한 카페는 포근함이 느껴진다. 커피 외 시베리아 허브를 이용한 다양한 음료들과 수제쿠키 등도 맛볼 수 있다.

주소 ul. Admirala Fokina, 22, Vladivostok
위치 중앙광장에서 도보 3분
운영 월 12:00~22:00, 화~금 09:00~22:00, 토 · 일 10:00~22:00
요금 아티스틱 커피 카푸치노 268RUB

GPS 43.116746, 131.886433

Food : 추천

⑭

우흐뜨블린 Uh Ty Blin | Ух Ты, Блин

'러시아의 국민 간식'이라 불리는 메밀 크레이프, 블린Блин을 맛볼 수 있는 곳이다. 워낙 한국 관광객들이 많이 방문해 한국어 메뉴판도 있다. 크게 치즈, 햄, 버섯 등이 들어 있는 식사용 블린과 달콤한 디저트용 블린으로 나뉜다. 바나나 팬케이크에 초콜릿을 갈아 얹은 초코바나나가 특히 인기다.

주소 ul. Admirala Fokina, 9, Vladivostok
위치 아르바트 거리 내
운영 10:00~21:00
요금 디저트용 블린 125RUB~, 식사용 블린 194RUB~

GPS 43.117935, 131.881726

Food : 추천

⑮

댑 버거 DAB Drinks and Burger | БУРГЕРНАЯ - БАР DAB

레스토랑 이름처럼 낮에는 수제버거 전문점으로, 늦은 밤에는 바로 운영되는 곳이다. 두툼한 패티의 수제버거는 종류도 다양하고 양도 많은 편. 검은 오징어 먹물 빵에 훈제 연어를 넣은 모비딕 버거가 이곳의 스페셜 메뉴다. 오전에는 브런치 메뉴만 주문 가능(수제버거는 12시부터)하다. 화려한 샹들리에와 감각적인 인테리어로 실내 분위기도 좋다. 최근 문을 연 칼리나 몰에 2호점을 열었다.

주소 ul. Aleutskaya, 21, Vladivostok
위치 중앙광장에서 도보 5분
운영 월~목 09:00~02:00,
금 09:00~06:00, 토 10:00~06:00,
일 10:00~02:00
요금 수제버거 300RUB~
홈피 www.dabbar.ru

GPS 43.115918, 131.882059

Food : 추천

⑯

수프라 Supra | Супра

여행전문 사이트 트립어드바이저 1위에 오랫동안 랭크된 조지아 음식 전문점이다. 러시아 대표 음식이라고 해도 무방할 만큼 대중적인 조지아 요리들은 우리 입맛에도 잘 맞아 꼭 한번 맛보기를 권하고 싶다. 조지아어로 '식탁보'를 뜻하는 수프라는 조지아 전통 가정요리의 레시피를 바탕으로 힌칼리, 하차푸리, 오자후리, 샤슬릭 등의 조지아 대표 음식들을 선보이고 있다. 사진이 있는 한국어 메뉴판이 있어 주문하기 수월하다. 인기 맛집답게 대기는 필수. 입구에서 대기표를 받아 기다리거나(낮에는 밤보다 수월한 편) 예약을 하는 것이 좋다.

주소 ul. Admirala Fokina, 1б,
Vladivostok
위치 아르바트 거리 끝, 해양공원 입구
운영 12:00~24:00
요금 하차푸리 370RUB~,
샤슬릭 320RUB~

GPS 43.118398, 131.879381

Food

⑰

시나본 Cinnabon

시나몬을 넣은 빵을 좋아하는 러시아인들에게 '시나본'만큼 딱 어울리는 디저트는 없지 않을까. 미국이나 괌 여행에서 필수 코스로 여겨지는 시나몬 빵 체인이 블라디보스토크 곳곳에서도 눈에 띈다. 시나몬 빵 외에도 엄청난 당도를 자랑하는 디저트 종류가 많아 여성들이 많이 찾는다.

주소 ul. Admirala Fokina, 10б, Vladivostok
위치 아르세니예프 향토박물관에서 도보 2분, Hesburger 2층 외 (지도 p.91 참조)
운영 11:00~22:00
요금 시나본 170RUB, 커피 80RUB~
GPS 43.116606, 131.882188

Food

⑱

몰로코 & 메드 MOLOKO & MËD

이탈리안 전문 레스토랑으로 피자, 파스타가 맛있지만 영국식 또는 프랑스식 조식과 각종 스테이크, 아시안 누들 종류도 준비돼 있다. 1층은 테라스와 카페, 2층은 레스토랑으로 직원도 친절하다.

주소 ul. Sukhanova, 6A, Vladivostok
위치 클레버 하우스에서 도보 10분
운영 10:00~24:00
요금 조식 420RUB, 파스타 430RUB
GPS 43.117523, 131.891635

Food

⑲

해적 커피 Pirate Coffee

고급 커피에 익숙한 한국인들에게도 무난한 맛과 저렴한 가격으로 유명한 카페 체인점이다. 일명 '로딩Loading 커피'라고도 부른다. 아르바트 거리에 가장 큰 매장이 있고(실내도 넓고 쾌적하다) 여기저기 작은 테이크아웃 매장들이 눈에 띈다. 영어가 통하지 않아 그림과 있는 메뉴판을 보고 주문하면 된다. 아이스 라테는 팔아도 아이스 아메리카노는 팔지 않는다.

주소 ul. Admirala Fokina, 5-7, Vladivostok
위치 중앙광장, 해양공원 어디서든 도보 5분
운영 10:00~20:00
요금 커피 55RUB~
GPS 43.117885, 131.881531

Food : 추천

20

"브스피시카" 퍼스트 시티 에클레어

Pervaya eklernaya "Vspyshka" | Первая эклерная "Вспышка"

블라디보스토크에 처음 문을 연 에클레어 전문점으로, 현지인들에게 폭발적인 인기를 얻는 곳이다. 보기에도 예쁘고 맛도 훌륭한 데다 굼 백화점 안뜰 올드 코티야르에 위치해 있어 테라스의 분위기도 좋다. 매장이 작아 테이크아웃을 많이 해가며, 커피 맛도 좋다.

주소 ul. Svetlanskaya, 33, стр. 2, Vladivostok
위치 중앙광장에서 도보 4분
운영 08:30~20:00
요금 에클레어 150RUB~, 커피 120RUB~

GPS 43.115924, 131.887657

명가 아소티

평양관

코리아 하우스

Food

21

한식당들

집 떠나면 더욱 그리운 한식. 러시아 중에서도 특히 블라디보스토크에는 한식당이 많은데, **명가**Менга나 **신라**Shilla Restaurant는 한국의 맛을 가장 잘 낸다는 평을 받고 있다. 특히 명가는 블라디보스토크 기차역 근처에 2호점 **명가 아소티**를 오픈하고, 한식뿐 아니라 중식, 일식까지 메뉴의 다양성을 꾀했다. 남북정상회담 이후 평양냉면이 인기를 끌면서 더욱 주목을 받게 된 곳은 북한식당 **평양관**Pyongyang이다. 심심한 평양냉면은 호불호가 갈리지만, 쫄깃한 감자지짐이나 광어찜, 평양소주는 대체로 평이 좋다. 한국인이 운영하진 않지만 맛도 괜찮고 접근성도 좋은 곳으로는 **코리아 하우스**Korea House가 있으며, 말리 굼이나 칼리나 몰의 푸드코트 한식 코너는 가격이 저렴하고 전망 좋은 테라스에서 식사를 즐길 수 있어 주목할 만하다.

위치 **명가** 신한촌 근처(뉴웨이브 극장New Wave Cinema 2층)
명가 아소티 블라디보스토크 기차역에서 도보 3분
신라 포크롭스키 성당 근처.
평양관 토카레브스키 등대 가는 길.
코리아 하우스 클레버 하우스에서 도보 3분

GPS 명가 43.131289, 131.901121
명가 아소티 43.112499, 131.879304
신라 43.124707, 131.894069
평양관 43.099392, 131.863552
코리아 하우스 43.119521, 131.882282

Food

㉒

이즈 브라스리 Iz Brasserie

샤슬릭과 양고기가 맛있는 집으로 유명하다. 보르시를 비롯해 러시아 메뉴들을 다수 보유하고 있어 이것저것 전통음식들을 시도하고 싶은 사람들에게 좋은 선택이 될 수 있다. 분위기도 좋고 영어도 잘 통한다.

주소 ul. Semenovskaya, 1/10, Vladivostok
위치 해양공원에서 도보 5분
운영 일~목 12:00~24:00, 금 · 토 12:00~02:00
요금 보르시 300RUB, 샤슬릭 520RUB~
GPS 43.119647, 131.881072

Food

㉓

로즈키 플로시키 Lozhki-ploshki | Ложки-плошки

한마디로 전 세계 만두 전문점이다. 러시아 전통 만두 '펠메니Pelmeni'를 비롯해 동유럽식 만두 '바레니키Vareniki', 터키식 만두 '만티Manti', 조지아식 만두 '힌칼리Khinkali' 등이 모두 모였다. 매장에서 직접 만들어 맛도 좋고 가격도 저렴하다. 만두 외 보르시Borsch(비트 수프), 피로시키Piroshki(러시아 파이) 등 러시아에서만 맛볼 수 있는 음식들도 준비돼 있다.

주소 ul. Svetlanskaya, 7, Vladivostok
위치 중앙광장에서 도보 5분
운영 월~금 08:00~24:00, 토 · 일 09:00~24:00
요금 펠메니 180RUB~, 샐러드 100RUB~
GPS 43.116777, 131.880850

Food

24

파이브 어 클락 5 O'Clock

트립어드바이저에서 상위권에 오른 카페다. 영국의 '티 룸'을 상기시키는 실내 인테리어가 여느 가정집 같은 포근한 분위기를 자아낸다. 저렴한 가격에 스콘, 키슈, 파이, 타르트, 케이크류 등 다양한 빵을 즐길 수 있는데, 레드벨벳, 호두파이, 당근 케이크가 특히 인기다. 아침 일찍 문을 열어 가볍게 아침식사를 하는 사람들이 많다.

주소 ul. Admirala Fokina, 6, Vladivostok
위치 중앙광장에서 도보 5분, 아르바트 거리 내
운영 월~금 08:00~21:00, 토 09:00~21:00, 일 11:00~21:00
요금 케이크류 60RUB~, 커피 40RUB~
GPS 43.117659, 131.881341

Food

25

라콤카 Lakomka | Лакомка

1903년 처음 문을 연 베이커리로, 프랑스식 빵과 디저트를 개발 및 대중화해 블라디보스토크를 비롯해 사할린, 캄차카 등 극동지역에 매장을 갖고 있다. 러시아 내 다양한 베이커리 대회에서 수상한 경력이 있으며, 맛은 '파리 바게트' 격에 가격은 동네 빵집 정도로 착한 빵집이다.

주소 Okeanskiy pr. 13A, Vladivostok
위치 중앙광장에서 도보 5분
운영 10:00~23:00
요금 빵류 23RUB~, 디저트류 35RUB~
GPS 43.118511, 131.886345

Food : 추천

26

노빅 컨트리클럽 테라스-레스토랑 Novik Country Club Terrace-Restaurant

루스키 섬 노빅 만에 위치한 호텔 내 테라스-레스토랑이다. 푸틴 러시아 대통령이 방문한 곳으로도 유명하다. 자연친화적 콘셉트를 살려 원목 테이블과 의자를 배치해 분위기가 좋고, 레스토랑 앞에서 해변까지 계단이 놓여 있어 식후 산책까지 즐길 수 있다. 시내 레스토랑들에 비해 가격은 살짝 비싸지만, 맛도 좋고 양도 많은데 분위기도 좋아 시간을 내 찾아가볼 만하다.

위치 대중교통은 택시밖에 없다. 루스키 섬 극동연방 대학교 캠퍼스에서 2km 떨어져 있다.

요금 메인 요리 520RUB~

GPS 43.013717, 131.888773

Night Life ★★★

❶

나이트클럽 쿠쿠 Nightclub “Cuckoo” | Ночной клуб Cuckoo

블라디보스토크를 대표하는 (거의 유일한) 나이트클럽으로, 밤 문화를 즐기는 한국 여행객들 사이에서 유명한 곳이다. 규모는 작은 편으로 야외 바와 1층 소형 스테이지, 지하 1층 메인 스테이지가 마련돼 있고, 음악은 러시아 EDM이 주를 이룬다. 새벽 1시부터 피크를 이루며, 금요일 밤 분위기가 가장 좋다. 특별한 드레스코드가 있는 것은 아니지만, 추리닝, 슬리퍼, 운동화, 쪼리 정도는 피하도록 한다. 신분증 검사를 할 때도 있다.

주소 Okeanskiy Prospekt, 1A, Vladivostok
위치 중앙광장 기념품 숍에서 도보 3분
운영 수 · 금 · 토 23:00~06:00
요금 입장료 여자 무료, 남자 500RUB, 음료 300~500RUB
홈피 www.cuckooclub.ru
GPS 43.114051, 131.884547

Night Life ★★★

❷

문샤인 Moonshine

현지인들이 많이 가는 인기 칵테일바다. 입구부터 보름달 모양의 간판이 몽환적 느낌을 자아내며, 편안한 분위기에서 칵테일 한잔 즐기며 하루를 마감하기 좋은 곳이다. 메뉴판은 술 이름만 영어로 적혀 있어 바텐더의 추천을 받게 되는데, 생강이나 계피 향이 들어간 칵테일이 주로 나오기 때문에, 본인이 원하는 스타일의 칵테일을 구체적으로 요청하는 것이 좋다. 금, 토요일 밤은 자리가 잘 나지 않기 때문에 피하도록 한다.

주소 Svetlanskaya St, д. 1, Vladivostok
위치 아르바트 거리에서 도보 3분
운영 17:00~02:00(금 · 토 ~04:00)
요금 샴페인 400RUB~
GPS 43.117263, 131.879664

Night Life ★★☆

❸

무미트롤 뮤직바 Mumiy Troll | Мумий Тролль

무미트롤은 1984년 블라디보스토크에서 결성된 러시아 록 밴드 그룹으로, 2011년에 그룹 이름을 딴 뮤직바를 오픈하였다. 주로 주말 밤 9시경 이곳에서는 여러 뮤지션들의 작은 공연이 펼쳐지는데, 자정을 넘어가면 클럽으로 전환된다. 이곳의 명성을 듣고 방문하는 한국인들이 많지만, 러시아어를 모른다는 점을 악용해 있지도 않은 자릿세를 받거나 안줏값 바가지 씌우기, 영수증 조작 등의 문제들이 발생하기도 하므로 주의가 필요하다.

주소 Pogranichnaya Ulitsa, 6, Vladivostok
위치 아르바트 거리에서 도보 2분
운영 18:00~
요금 칵테일 500RUB 전후
홈피 http://vvo.mumiytrollbar.com
GPS 43.118721, 131.880262

Night Life ★★☆

❹

프리모르스키 필하모닉

Primorsky Krai Philharmonic | Приморская краевая филармония

1939년에 조직된 연해주 지역 필하모닉의 메인 공연장으로 1980년 처음 문을 열어 지금에 이르고 있다. 각종 클래식, 재즈, 민속 공연, 어린이 뮤지컬 등은 물론, 지난 28년간 연해주 지역에서 가장 큰 클래식 음악 축제로 자리 잡은 "극동의 봄Far Eastern Spring", 매년 10월 아시아 태평양 문화 축제, 11월 재즈 페스티벌 등을 개최한다. 메인홀은 총 600여 좌석으로 작은 규모이지만 수준 높은 공연문화를 즐길 수 있다. 공연 정보는 홈페이지에서 확인할 수 있으며, 현지 전화번호가 있다면 인터넷으로도 예약 가능하다.

© 프리모르스키 필하모닉

주소 Svetlanskaya St, 13, Vladivostok
위치 중앙광장에서 도보 3분
운영 매표소 09:00~21:00
요금 400RUB~(공연에 따라 다름)
홈피 www.primfil.ru
GPS 43.116464, 131.883060

Night Life ★★★

❺

국립 마린스키 극장

State Academic Mariinsky Theater | Государственного академического Мариинского театра

러시아의 수준 높은 발레, 오페라 등을 감상할 수 있는 공연장이다. 2012년 APEC 정상회담 당시 건축되어 블라디보스토크의 랜드마크로 사랑받고 있다. 최첨단 시설에 1300여 석을 갖춘 그레이트 홀Great Hall은 발레 · 오페라 공연장으로, 체임버 홀Chamber Hall은 실내악이나 리사이틀, 콘퍼런스 장으로 사용된다. 매년 7월 중순부터 한 달간 〈지젤〉, 〈잠자는 숲속의 미녀〉, 〈백조의 호수〉 등 대표적인 발레 작품들을 대거 선보이는 서머 페스티벌이 펼쳐져 여름휴가 여행을 준비 중이라면 절대 놓치지 말자. 각종 공연 스케줄과 티켓 예매는 홈페이지(영문)에서 가능하다. 금각교 너머에 위치해 있어, 이곳에서 보는 야경 역시 아름답다.

주소 ul. Fastovskaya, 20, Vladivostok
위치 이주므루드 플라자 앞에서 15k, 22d, 63번 등의 버스를 타거나 택시 이용
홈피 www.prim.mariinsky.ru
GPS 43.100831, 131.898504

Night Life ★★★

❻

블라디보스토크 서커스 Vladivostok Circus | Владивостокский цирк

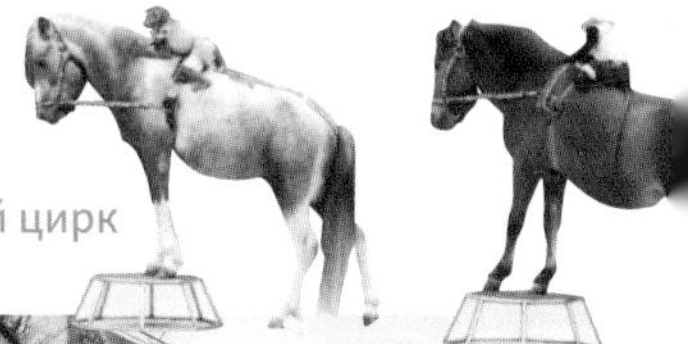

블라디보스토크 주립 서커스로, 자체 공연뿐 아니라 국내외 서커스단의 초청 공연도 비정기적으로 열린다. 남녀노소 가릴 것 없이 누구나 즐길 수 있는 가족 공연을 표방한 만큼 동물쇼와 기예가 적절히 조합돼 아이나 부모님을 동반한 여행객들에게 추천할 만하다. 공연 일정 및 프로그램은 홈페이지에서 확인할 수 있으며, 외국 카드는 온라인 예약이 불가하므로 현장에서 직접 구입해야 한다(규모가 워낙 크기 때문에 극성수기가 아니라면 당일 티켓 구매도 가능). 원형 공연장에 시야 가림이 없어 가장 저렴한 좌석도 관람에 불편은 없다. 단, 스테이지 뒤쪽 앞좌석보다 스테이지를 마주보는 쪽 뒷좌석이 낫다.

주소 ul. Svetlanskaya, 103, Vladivostok
위치 굼 백화점에서 도보 15분
요금 500RUB~
홈피 www.circus-vladivostok.ru
GPS 43.116112, 131.906344

Banya ★★★

❶

반야 모레 Banya More | Баня Море

겨울이 긴 러시아에서도 인기가 높은 전통 사우나 반야. '마약 반야'('마약'은 러시아어로 '등대'라는 뜻으로 토카레브스키 등대 근처에 있다)라는 이름으로 한국인들에게 더 유명한 이곳은 국내 한 여행 프로그램에서 뜨거운 사우나탕을 뛰어나와 곧장 바다로 뛰어드는 장면이 방송되면서 관심을 끌기 시작했다. 사우나 룸은 거실이 딸린 독채형으로 시간당 이용 가능한데 2~3시간 정도가 적당하다. 러시아식 사우나는 탕 한쪽에 장작불을 때서 돌을 뜨겁게 하고, 물을 머금은 자작나무 가지로 이 돌이나 몸을 쳐 수증기를 내 온도를 올린다. 우리네 사우나에서 냉온탕을 오가는 것처럼, 사우나에서 나와 반야 앞에 있는 바닷가로 뛰어들 수도 있다. 타월이나 헤어드라이기, 전기포트, 컵 정도는 순비돼 있으나 샤워용품이나 수영복, 각종 음료 및 먹거리들은 개별적으로 준비해야 한다. 예약은 홈페이지에서 가능하며 인스타그램을 통해 질문 답변을 들을 수 있다.

위치 토카레브스키 등대 입구에 있는 크랩 하우스(Crab House) 닿기 전 오른쪽으로 난 길을 따라 1km를 더 들어가야 한다. 택시 이용 필수.

요금 1~4인용 시간당 1,500RUB, 1~8인용 2,000RUB

전화 +7 (4232) 502-055, 890-8440-2055

홈피 www.banyamore.com
인스타그램 banya_more

GPS 43.087745, 131.848533

Tip 예약이 다 찼다면!

또 다른 한국 예능 프로그램에 소개된 반야 **'쓰리 히어로즈** 3 heroes(3 богатыря)'도 많이들 찾는다. 홈페이지(www.3bogatirya.com)나 이메일(3bogatiryaresto@mail.ru)을 이용해 예약하면 되는데, 메일은 러시아어로 보내야 한다. 간혹 예약이 누락되기도 하므로, 반드시 확답을 받고 가야 한다.

반야 모레 들어가는 길

Shopping

❶

중앙광장 주말장터 Weekend Market

중앙광장에서 매주 금 · 토요일에만 열리는 시장이다. 현지인들을 대상으로 하는 일반장터인 만큼 식자재들이 풍성하고 가격도 저렴하다. 특히 주목할 것은 꿀과 차가버섯, 각종 베리류. 우리 것과 크게 다를 바 없는 밑반찬들도 신기하다.

위치 중앙광장
운영 금 · 토 10:00~17:00
GPS 43.115145, 131.886741

Shopping

❷

추다데이 Chudodey | чудодей

우리의 '올리브영' 같은 뷰티 전문점이다. 블라디보스토크 필수 쇼핑 리스트 중 하나인 당근 크림(네바 페이스 크림), 흑진주 크림(초르니 젬추크 페이스 크림)이나 시베리아 천연허브 화장품 '나투라 시베리카', '아가피아 할머니의 레시피' 샤워용품 등을 구입할 수 있다. 아르바트 거리 입구에 있는 추다데이는 접근성이 좋은 만큼 한국인들이 많이 찾고, 굼 백화점 내 지점은 재고도 넉넉하고 친절한 대신 아르바트 지점보다 약간 비싸다.

위치 아르바트 거리 입구 및 굼 백화점 1층
운영 **아르바트 지점** 09:00~21:00,
굼 백화점 10:00~20:00
(매장에 따라 다름)
GPS 43.117438, 131.882704

Shopping

3

중앙광장 기념품 숍 Gift Shop

규모도 크고 종류도 많은데 가격도 비싸지 않아 러시아 기념품을 사기에 가장 적합한 곳이다. 중앙광장 안쪽에 위치해 있으며, 커다란 마트료시카 튜브 인형이 문 앞에 서 있다. 지하로 한 층 내려가야 기념품 매장들이 있다.

위치 중앙광장 안쪽
운영 09:00~22:00
GPS 43.114487, 131.886069

Shopping

4

블라디보스토크 굼 Vladivostok GUM | Большой ГУМ

1893년 건축된 역사적인 건물로, 구소련 시절 국영백화점으로 운영되었으나, 백화점의 기능은 말리 굼으로 이전되고 현재 이곳에는 자라 매장과 뷰티 전문점인 추다데이가 들어서 있다. 종류는 얼마 없지만 임페리얼 포슬린(구 로마노소프) 찻잔을 판매하는 매장도 있다. 백화점 안뜰 개념의 '굼 올드 코티야르'에는 에클레어 맛집과 각종 카페 등이 들어서 있는데 분위기가 좋다. 꼭 한번 들러보자.

주소 ul. Svetlanskaya, 33, Vladivostok
위치 중앙광장에서 도보 3분
운영 10:00~20:00
GPS 43.115553, 131.887902

Shopping
5
클레버 하우스 쇼핑센터 Clover House Shopping Center | Clover House Торговый Центр

아르바트 거리에 인접한 쇼핑몰로, 옷이나 잡화 같은 쇼핑보다 24시간 지하 슈퍼마켓 때문에 반드시 들르게 되는 곳이다. 도시락 라면, 맥주(러시아 맥주뿐 아니라 코젤, 아사히 등 세계적으로 유명한 맥주들이 다 모여 있다. 밤 10시 이후에는 주류 구입 불가), 알룐카 초콜릿 등을 주로 구입한다. 1층에는 MTC 통신사가 있어 유심 칩 구입이 가능하다.

주소 ul. Semenovskaya, 15, Vladivostok
위치 중앙광장에서 도보 7분
운영 슈퍼마켓 외 매장 10:00~21:00
GPS 43.118954, 131.883907

알룐카 초콜릿

Shopping
6
말리 굼 Malyy GUM | Малый ГУМ

미니 굼 백화점이다. 백화점이라 하기에는 매장 수도 매우 적고 제품 상태도 그리 좋은 편은 아니다. 그나마 눈에 띄는 것은 해적 커피, 로이드 초콜릿, 서점 정도이며, 6층에 한식 푸드코트가 있는데 테라스석의 전망이 꽤 훌륭하다.

주소 ul. Svetlanskaya, 45, Vladivostok
위치 중앙광장에서 도보 7분 운영 10:00~20:00
GPS 43.114827, 131.891609

Tip 주류 전문점 와인 랩 Wine Lab

러시아 필수 쇼핑품목 중 하나인 보드카. 클레버 하우스에서도 구입 가능하지만, 더욱 다양한 보드카(미니 보드카도 많다)를 좀 더 저렴한 가격에 구입하고 싶다면 와인 랩을 찾아가보자. 직원으로부터 보드카 추천도 받을 수 있다.
위치 클레버 하우스 근처(지도 p.91 참조)를 비롯해 시내 곳곳에 위치

Shopping

7

칼리나 몰 Kalina Mall | Калина Молл

2019년 봄 처음 문을 연 대형 쇼핑몰이다. 자라, H&M, 마시모두띠, 오이쇼, 막스앤스펜서, 버쉬카, 풀앤베어, 스트라디바리우스와 같은 유럽 패션 브랜드를 비롯해 록시땅, 이브로셰, 자라홈 등 생활 잡화 인테리어 숍들이 입점해 있다. 지하 1층에는 샴베리 마트가 자리해 있는데, 한국인들이 많이 구입해 가는 모든 제품들이 잘 구비돼 있고 가격도 저렴하다. 3층에는 어린이 놀이 공간과 푸드코트가 들어서 있으며, 통유리 너머 금각만과 금각교가 내려다보여 전망은 고급 레스토랑 못지않다. 특히 시내에서도 인기가 좋은 댑 버거와 미셸 베이커리도 이용할 수 있다.

주소 Ulitsa Kalinina, 8, Vladivostok
위치 버스 2, 4, 6, 8, 13д, 13к, 30, 55, 62, 82번을 타고 칼리나 몰 앞에서 하차. 시내에서 약 25분 소요
운영 10:00~22:00
홈피 www.kalinamall.ru

GPS 43.102126, 131.917304

Shopping

8

샴베리 마트 Sambury | Самбери

클레버 하우스의 지하 마트 프레쉬 25보다 규모도 크고 가격도 훨씬 저렴한 대형마트다. 한국인들이 많이 구입하는 티, 초콜릿, 치즈뿐 아니라 당근 크림을 비롯한 네바 페이스 크림, 흑진주 크림, 아가피아 할머니의 레시피 등도 추다데이보다 저렴하게 판매한다. 푸드 섹션도 잘돼 있어 러시아 음식이나 전통 디저트, 샐러드, 빵 등을 저렴하게 구입해 먹을 수 있다. 마트 계산대 들어가기 전에는 약국도 들어서 있는데, 시내보다 훨씬 저렴한 가격에 차가버섯이나 프로폴리스 스프레이를 구입할 수 있다. 최근 칼리나 몰 지하 1층에 오픈한 샴베리는 매장도 깔끔하고 훨씬 쾌적하다.

주소 Ulitsa Krygina, 23, Vladivostok
위치 60, 62번 버스 이용. 토카레브스키 등대 가는 방향에 위치 (시내에서 15분 소요)
운영 08:00~23:00
홈피 www.samberi.com

GPS 43.089352, 131.860683

Shopping
9
중국시장 Chinese Products Market | Магазин С Китайскими Продуктами

저렴하게 곰새우와 킹크랩을 구입하기 위해 찾는 곳으로, 시내에서 20분 정도 떨어져 있다. 곰새우와 킹크랩은 한 번 쪄서 냉동시킨 것으로, 숙소에서는 뜨거운 물을 붓고 데워 먹거나 한국으로 포장해 갈 수 있다. 수산물 코너 외 더 안쪽으로 들어가면 재래시장이 크게 형성돼 있어 시장 구경하는 재미도 쏠쏠하다. 저렴한 중국 공산품도 많이 팔아, 이 일대를 중국시장으로 통칭하기도 한다.

위치 시내에서 31, 49, 54, 66, 90, 98Д 버스를 타고 스포르티브나야 거리(Sportivnaya St)에서 하차 후 도보 4분. 훈춘 불고기(Shashlyk Po Khun'chun'ski) 길 건너편 왼쪽 첫 번째 골목의 왼쪽 첫 번째 건물.
운영 08:30~19:00
GPS 43.107103, 131.940636

Tip 시내에서 가까운 수산물 마켓은?

중국시장보다 시내에서 가까운 수산물 마켓으로는 코마로바 시장Market On Komarova이 있다. 이주므루드 플라자를 오른쪽에 두고 큰길을 따라 직진해 올라가면 된다(도보 5분). 해산물 배달업체 '안녕하새우'의 현지 매장이 이곳에도 있다.
주소 Okeanskiy Prospekt, 32, Vladivostok
운영 08:00~19:00
GPS 43.121670, 131.888121

Shopping
10
굿데이 스토어 Goodday Store

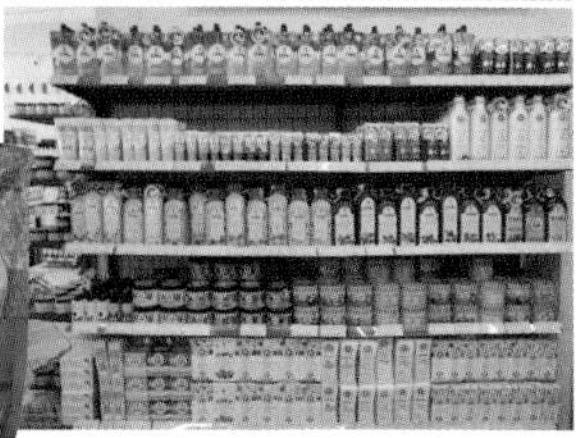

한국 라면과 햇반, 반조리식품, 밑반찬, 과자, 아이스크림 등 한국 식음료들을 구입할 수 있는 편의점이다. 이곳이 한국 여행자들에게 유명하게 된 것은 당근 크림으로 유명한 네바 페이스 크림을 블라디보스토크 최저가에 구입할 수 있기 때문. 그 외에도 아가피아 할머니의 레시피와 흑진주 크림 등 대표적인 쇼핑 품목들이 잘 구비돼 있다. 특히 각 제품 효능을 간단한 한국어로 써놓아 쇼핑에 도움을 준다.

주소 Pos'yetskaya Ulitsa, 23, Vladivostok
위치 블라디보스토크 기차역에서 도보 3분
운영 09:00~23:00
GPS 43.112218, 131.879078

Shopping

11

프리모르스키 허니 Primorskiy Honey | Приморский мёд

연해주 양봉업자들에게서 가져온 각종 꿀을 판매하는 전문점이다. 마트나 재래시장보다 가격은 살짝 비싼 편이지만, 꿀 종류도 다양하고 시식도 해볼 수 있는 데다 꿀 이름도 한글로 적어놓아 내 입맛에 맞는 꿀을 제대로 구입할 수 있다. 차가버섯 엑기스 분말이나 캡슐도 판매한다. 카드 결제 불가.

주소 Semenovskaya Ulitsa, 22, Vladivostok
위치 클레버 하우스에서 도보 2분
운영 월~금 09:35~18:30, 토 · 일 10:00~18:00
GPS 43.117985, 131.885241

Stay : 5성급

1

롯데 호텔 블라디보스토크 Lotte Hotel Vladivostok

블라디보스토크에서 유일한 5성급 호텔로, 구 현대 호텔을 롯데가 인수하여 전 세계 롯데 호텔 체인의 표준 서비스를 받을 수 있다. 언덕 위에 위치해 있어 전망이 좋은 데다, 12층의 스카이라운지와 한식당, 실내수영장, 사우나, 피트니스 센터 등 호캉스를 누릴 수 있는 편의시설도 잘 갖추고 있다. 시내 중심이라 중앙광장, 클레버 하우스, 독수리 언덕 등에서 가깝지만, 언덕을 오르내려야 하는 불편은 감수해야 한다.

주소 ul. Semenovskaya, 29, Vladivostok
위치 중앙광장에서 도보 6분
요금 트윈룸 16,500RUB~
전화 (4232) 407-201
홈피 www.lottehotelvladivostok.com
GPS 43.118199, 131.888760

Stay : 4성급

❷

아스토리아 호텔 Astoriya Hotel

블라디보스토크에서 모던한 인테리어에 시설 좋고 쾌적한 호텔 중 하나로 손꼽힌다. 이곳이 특히 인기가 좋은 것은 조식 때문. 블라디보스토크 여느 호텔들에 비해 가짓수도 많고 맛도 좋다는 평을 받고 있다. 포크롭스키 정교회에서 가까운 편이라 주요 관광지들과는 거리가 좀 있다.

주소 Partizanskiy pr. 44, Vladivostok
위치 포크롭스키 성당에서 도보 8분 요금 트윈룸 10,300RUB~
전화 (4232) 302-044 홈피 www.astoriavl.ru
GPS 43.127110, 131.901562

Stay : 4성급

❸

아지무트 호텔 AZIMUT Hotel Vladivostok

깔끔하고 모던한 객실의 기본시설을 잘 갖춘 러시아 체인 호텔이다. 스포르티브나야 만을 향해 있어 전망이 훌륭하고 아침저녁 해변산책을 즐기기 좋다. 단, 언덕을 조금 오르내려야 한다. 한국 방송을 시청할 수 있다는 것도 장점 중 하나.

주소 ul. Naberezhnaya, 10, Vladivostok
위치 중앙광장에서 도보 12분
요금 트윈룸 10,500RUB~
전화 (4232) 412-808
홈피 www.azimuthotels.com
GPS 43.112176, 131.872937

Stay : 3성급

❹

젬추지나 호텔 Zemchuzhina Hotel

블라디보스토크 기차역에서 도보 5분 거리에 위치해 있어 공항을 오가는데 매우 편하다. 객실은 낡은 듯하지만, 침구 관리도 잘되어 있고 깔끔하다. 직원들은 간단한 영어가 가능하며, 가격대비 만족도가 높은 곳이다.

주소 ul. Bestuzheva, 29, Vladivostok
위치 블라디보스토크 기차역에서 레닌 동상 있는 쪽으로 나와 도보 5분
요금 트윈룸 8,000RUB~
전화 (4232) 302-241
홈피 www.gemhotel.ru
GPS 43.109851, 131.876810

Stay : 3성급

❺

히스토리 호텔 History Hotel

2018년 말에 처음 문을 연 호텔로, 블라디보스토크 시내 중심(굼 올드 코티야르 뒤편)에 위치해 있다. 오래된 건물을 리모델링해 외관은 낡아 보이지만, 모던한 인테리어와 에어컨 등 최신 시설을 구비해 놓았다. 매일 하우스키핑을 받을 수 있으며, 커피를 무료로 제공한다. 조식이 포함돼 있으며, 6가지 종류 중 택 1하면 원하는 시간에 가져다준다.

주소 Svetlanskaya St, 31 в , Vladivostok
위치 중앙광장에서 도보 3분
요금 더블룸 7,000RUB~
전화 914-716-2550

GPS 43.116258, 131.886907

Stay : 2성급

❻

테플로 호텔 Teplo Hotel

알뜰 여행자들에게 인기 많은 호텔이다. 기본적인 시설에 깔끔하고 직원도 친절하며 경제적이다. 특히 블라디보스토크 기차역 근처에 위치해 있어 공항철도 이용에 편리하다.

주소 ul. Posyetskaya, 16, Vladivostok
위치 블라디보스토크 기차역에서 도보 5분
요금 트윈룸 5,000RUB~
전화 (4232) 909-555 홈피 www.teplo-hotel.ru

GPS 43.109616, 131.878792

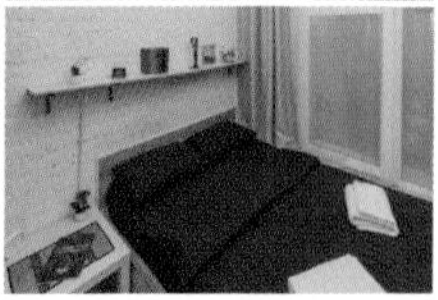

Stay

❼

스마트 오피스 Smart Office

한인이 운영하는 오피스텔 겸 호텔이다. 한국인을 대상으로 하는 만큼 한국인의 눈높이에 맞춰 깔끔하게 관리되고 있다. 컵라면과 티 등이 준비된 스낵 바와 정수기, 전자레인지 등을 이용할 수 있으며, 한국어가 가능한 직원의 도움을 받을 수 있다. 예약은 홈페이지에서 할 수 있다.

주소 ul. Uborevicha, 17, 3rd Floor, Vladivostok
위치 중앙광장에서 도보 15분
요금 트윈룸 5,600RUB~
전화 (4232) 401-787
홈피 www.smartoffice-ru.com

GPS 43.118654, 131.890886

Stay
8
슈퍼스타 게스트하우스 Superstar Guesthouse

한인이 운영하는 호스텔로 2016년 처음 문을 열었다. 인테리어도 센스 있고, 시설물 관리도 잘되어 있다. 남녀 전용 도미토리와 더블룸(공동욕실)이 있으며, 공용 주방 사용 가능, 조식은 불포함이다. 아르바트 거리에 있어 최고의 위치를 자랑한다.

주소 ul. Admirala Fokina, 8A, Vladivostok
위치 아르바트 거리 내
요금 도미토리 1,000RUB, 더블룸 2,500RUB
홈피 www.superstarguesthouse.com
GPS 43.117225, 131.881895

Stay
9
호스텔 이즈바 Hostel IZBA

2017년 문을 연 신생 호스텔이다. 아르바트 거리에서 도보 5분, 주요 버스들이 정차하는 이주므루드 플라자에서 도보 5분 거리에 있어 어디를 가든 편하다. 커튼식 도미토리로 개인공간이 보장되고, 주방시설과 거실이 잘 되어 있으며, 세탁기 사용은 무료다. 한국인이 50% 이상, 그외 중국인이 많다.

주소 ul. Mordovtseva, 3, Vladivostok
위치 클레버 하우스에서 도보 2분
요금 도미토리 800RUB~,
더블룸 3,900RUB~
전화 (4232) 908-508
홈피 www.izba-hostel.ru
GPS 43.119837, 131.883830

Stay
10
타이거 호스텔 Tiger Hostel

기차역과 중앙광장, 아르바트 거리 어디로든 10분 이내 이동 가능하다. 단, 건물 자체는 언덕 위에 있어 경사진 길과 계단을 올라야 한다. 그럼에도 호평인 이유는 뽀송뽀송한 침구와 청결함, 한국어 가능 스태프가 있어서다. 침대마다 커튼이 달려 개인 공간이 보장된다.

주소 Pos'yetskaya Ulitsa, 31 a,
Vladivostok
위치 블라디보스토크 기차역에서 도보 7분
요금 도미토리 800RUB~
전화 908-990-7990
GPS 43.114906, 131.880272

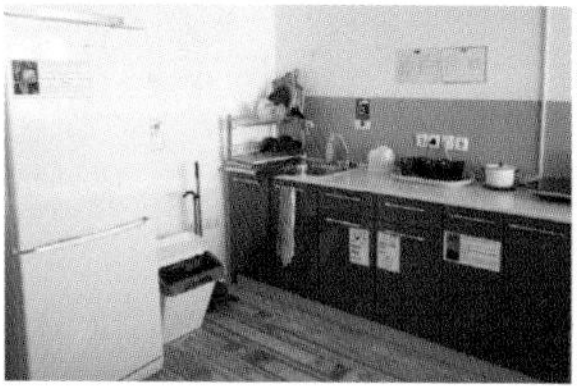

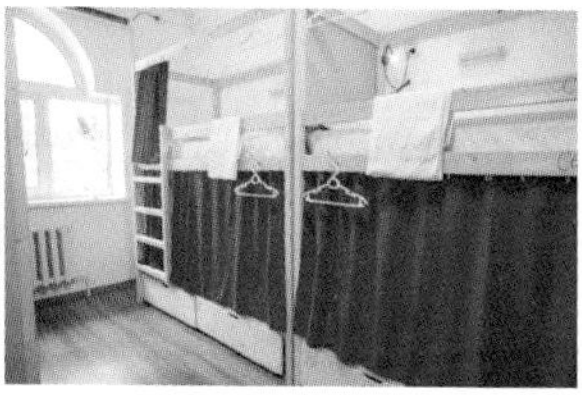

Special Tour

해외 항일투쟁의 역사 현장을 가다
우수리스크(Ussuriysk | Уссурийск)

블라디보스토크가 속해 있는 프리모르스키 주는 우리말로 '연해주'라 불린다. 연해주가 우리의 역사 속에 들어온 것은 1863년, 함경도의 13개 농가가 이곳으로 처음 이주를 단행하고 이후 애국지사들의 망명이 이어져 1910년대 독립운동의 중심지가 되면서부터다. 블라디보스토크에서 112km 떨어진 우수리스크는 1919년 3.1 운동 직후인 3월 17일 독립선언서가 발표되고, 대한국민의회(블라디보스토크에서 결성된 항일 임시정부) 설립의 토대가 된 전로한족 중앙총회가 결성된 곳으로, 이상설, 최재형 선생 등 독립운동가들의 흔적이 남아 있다. 특히 2009년 건립된 고려인 문화센터-고려인 역사관은 다양한 시청각 자료들을 통해 한인들의 고달픈 이주사와 항일운동의 기록들을 생생하게 접할 수 있어, 특별한 기억으로 남을 것이다. 또한 블라디보스토크-우수리스크 열차 구간은 시베리아 횡단열차의 초반부를 달리는 것으로, 열차가 지나는 지역의 풍경을 감상할 수 있다는 것도 이 여행의 묘미다.

1. 드나들기

블라디보스토크 기차역에서 오전 11시에 출발하는 우수리스크행 교외선을 탑승하면 오후 1시 18분 우수리스크에 도착한다. 편도 200루블. 돌아올 때는 우수리스크에서 오후 6시 1분에 출발하는 열차 탑승, 블라디보스토크에 오후 8시 24분에 도착한다(열차시간은 현지 확인 필수). 운행시간 확인 및 티켓 구입은 블라디보스토크 기차역 본관 왼쪽, 공항철도 탑승 건물로 가야 한다.

2. 이동하기

우수리스크 기차역에서 주요 관광지까지 멀리 떨어져 있어 도보로는 무리다. 버스나 택시를 타야 하는데, 2GIS 맵을 이용하면 버스 번호와 하차 정류장까지 알 수 있어 버스 이용에 필수다. 택시는 막심 애플리케이션을 이용하면 된다(얀덱스 불가).

3. 일정

기차시간을 고려하면 우수리스크에 할애된 시간은 5시간. 고려인 문화센터에서 시간 조절을 잘해야 한다. 식사는 고려인 문화센터 내 구내식당이나 근처의 국수 맛집 코리안 하우스를 이용하면 된다. 이상설 선생 유허비는 외곽에 떨어져 있어 반드시 택시를 이용해야 한다.

우수리스크 기차역 도착 → **고려인 문화센터** (p.131) → 점심식사 → **전로한족 중앙총회 장소** (p.133) → **최재형 선생의 집** (p.132) → 시민공원 (p.132) → 이상설 선생 유허비 (p.132) → 우수리스크 기차역

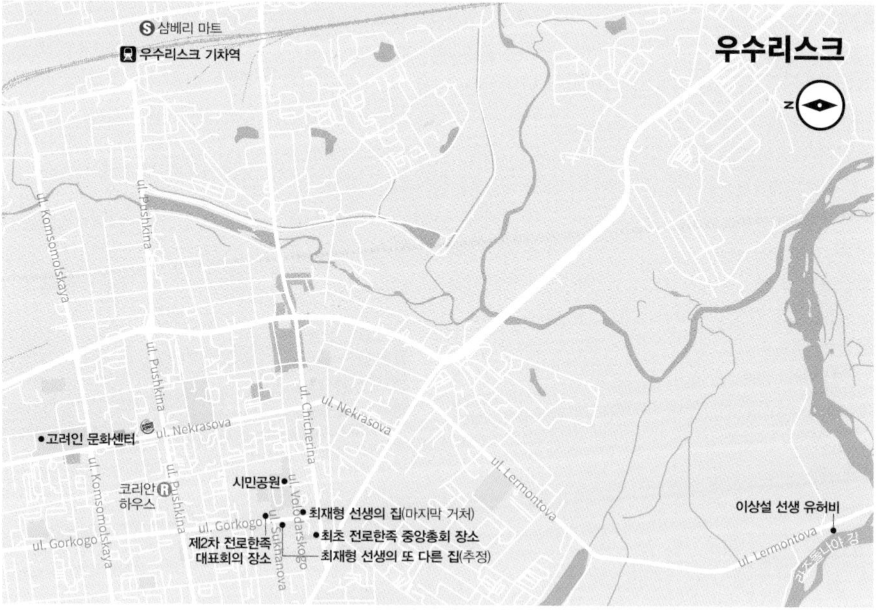

1

고려인 문화센터 Корейский культурный центр

2004년 러시아 한인이주 140주년을 기념하여 2009년 건립된 고려인 문화센터는 연해주 내 한국인들의 역사와 문화를 보존하고 강좌를 통해 우리 문화를 알리고 있다. 1층의 고려인 역사관은 1860년대부터 연해주 지역으로 이주한 고려인의 생활문화, 항일운동의 행적을 당시의 사진과 기록물, 시청각 자료와 함께 소개해, 험난했던 역사를 생생하게 전한다. 센터 마당 한쪽에는 안중근 의사 업적 기념비가 있다. 이는 본래 블라디보스토크에서 독립운동을 한 그의 민족정신과 애국활동을 기념하고 한국과 러시아의 우호관계를 공고히 하고자 블라디보스토크 주립 의과대학에 세워져 있었는데, 관리소홀로 방치되다 이곳으로 옮겨왔다. 문화센터 내 구내식당에서는 한식이나 스낵과 음료 등을 저렴하게 판매한다.

주소 ul. Amurskaya, 63a, Ussuriysk
위치 우수리스크 기차역 앞에서 버스 1, 1a, 6, 7a, 8a, 12, 14a번을 타고 베이징 공원(Парк Пекин)에서 하차(2GIS 맵 참고 필수)
운영 10:00~18:00
요금 70RUB
GPS 43.806593, 131.950795

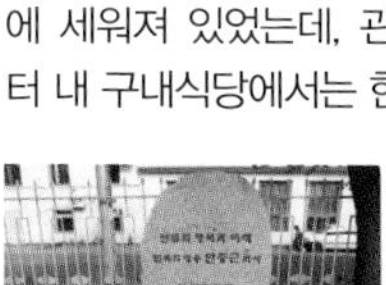

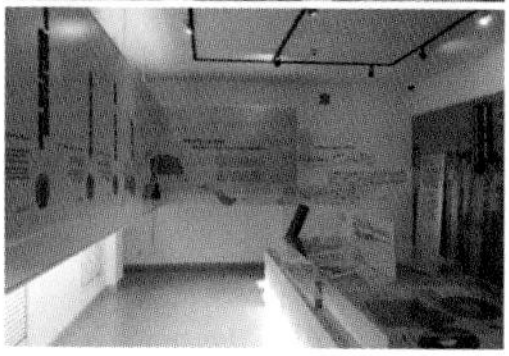

❷ 최재형 선생의 집 Старый дом Jaehyeong Choi

최재형 선생은 연해주의 대표적인 항일 독립운동가이며 전로한족 중앙총회 명예회장으로 활동했다. 이곳은 최재형 선생이 1919년부터 1920년 4월 일본 헌병대에 학살되기 전까지 살았던 곳으로, 현재는 기념관이 조성돼 있다. 최재형 선생은 9세 때 러시아에 귀화해 상업으로 부를 축적한 후 그 돈으로 독립운동 군자금을 제공하는 한편 의병대를 정비하고 대장으로도 활동했다. 항일사상 고취를 위해 한인학교를 설립하고 언론투쟁에도 앞장섰다. 제2차 특별 전로한족 대표회의가 열렸던 우수리스크 실업학교 건물 근처에 최재형 선생이 살았던 곳으로 추정되는 집이 한 채 더 있는데 일반 가정집으로 사용돼 푯말조차 걸려 있지 않다.

주소 **마지막 거처** ul. Volodarskogo, 38, Ussuriysk
또 다른 집 ul. Sukhanova, 32, Ussuriysk
위치 고려인 문화센터에서 2.3km, 도보 30분 혹은 버스 이용

GPS 43.791596, 131.945126

❸ 이상설 선생 유허비 Корейский Памятник

우수리스크에서 항일활동을 펼친 독립운동가 보재 이상설 선생의 추모비로 2001년 광복회와 고려학수 문화재단이 세운 것이다. 1906년 간도 용정에 민족학교인 서전서숙을 설립하고 1907년 헤이그 만국평화회의에 참석해 한국의 독립을 주장하였으며, 연해주에서 성명회와 권업회를 조직하여 독립운동에 헌신하였다. 1년여간의 투병생활 끝에 1917년 서거하였고, 그 유언에 따라 화장하고 라즈돌나야 강 Razdolnaya River에 뿌려졌다.

위치 전로한족 중앙총회에서 남쪽으로 4.5km, 라즈돌나야 강변에 위치해 있으며 택시를 이용해야 한다. 특별한 지명이나 주소가 없어, 구글 맵스나 2GIS 맵을 보여주면 된다. 일반택시로는 왕복 300RUB 정도 든다.

GPS 43.760381, 131.943595

라즈돌나야 강

❹ 시민공원 City Park | Городской парк

최재형 선생의 집 근처에 있는 공원이다. 이곳에는 금나라 시대의 거북이 석상이 놓여 있는데, 이는 황족의 가족묘에 세워졌던 것으로, 우수리스크가 옛날 중국 땅이었음을 증명하는 것이다.

주소 ul. Volodarskogo, 35, Ussuriysk
위치 전로한족 중앙총회 결성 장소에서 도보 3분

GPS 43.792177, 131.947685

❺ 전로한족 중앙총회 장소들

러시아 혁명 직후인 1917년 5월 러시아 전 지역의 고려인 대표 100명이 모여 전로한족 대표회의를 열고, 민족의 자치와 항일 독립운동을 추진하고자 전로한족 중앙총회 조직을 결성하였다. 그 최초의 장소는 치체리나 거리ul. Chicherina에 있었으며, 현재는 학교 운동장으로 바뀌어 흔적조차 남아 있지 않다. 약 1년 후인 1918년 6월 13일, 제2차 전로한족 대표회의가 우수리스크 실업학교 건물에서 열렸다. 전로한족 중앙총회는 1919년 3월에 독립선언서를 발표하였고, 상해와 한성의 임시정부보다 앞선 최초의 임시정부 대한국민의회로 확대 · 개편되었다.

주소 **최초 전로한족 중앙총회 장소**
ul. Chicherina, 29, Ussuriysk
다음에 위치한 학교 운동장
제2차 전로한족 대표회의 장소
ul. Gorkogo, 20, Ussuriysk

GPS 최초 전로한족 중앙총회 장소
43.790545, 131.942947
제2차 전로한족 대표회의 장소
43.793100, 131.944612

최초 전로한족 중앙총회 장소

제2차 전로한족 대표회의 장소

❻ 라즈돌노예 기차역 Razdolnoye Train Station | Раздольное железнодоро́жная ста́нция

1937년 스탈린 정부는 한인들이 일본의 첩자가 될 수 있다는 판단 아래 강제 이주를 단행했다. 연해주에 살고 있던 한인들은 어떠한 설명도 듣지 못한 채 라즈돌노예 기차역에 집합할 것을 통보받았고, 이곳에서 시베리아 횡단열차를 타고 카자흐스탄과 우즈베키스탄으로 쫓겨나게 되었다. 우수리스크 기차역에 도착하기 45분여 전에 있는 작은 역으로 정차시간은 1분 정도밖에 되지 않아 창밖으로만 볼 수 있다.

위치 우수리스크 기차역 도착 45분여 전(구글 맵스를 보고 자신의 현재 위치를 참고하여 도착시간을 계산해야 놓치지 않을 수 있다)

GPS 43.556968, 131.913053

YOTAPHONE
ЙОТАФОН
СК Банкрот
«Коммунизм есть высшая ступень развития социализма, когда люди работают из сознания необходимости работать на общую пользу.»

chapter 2

하바롭스크

Khabarovsk | Хабаровск

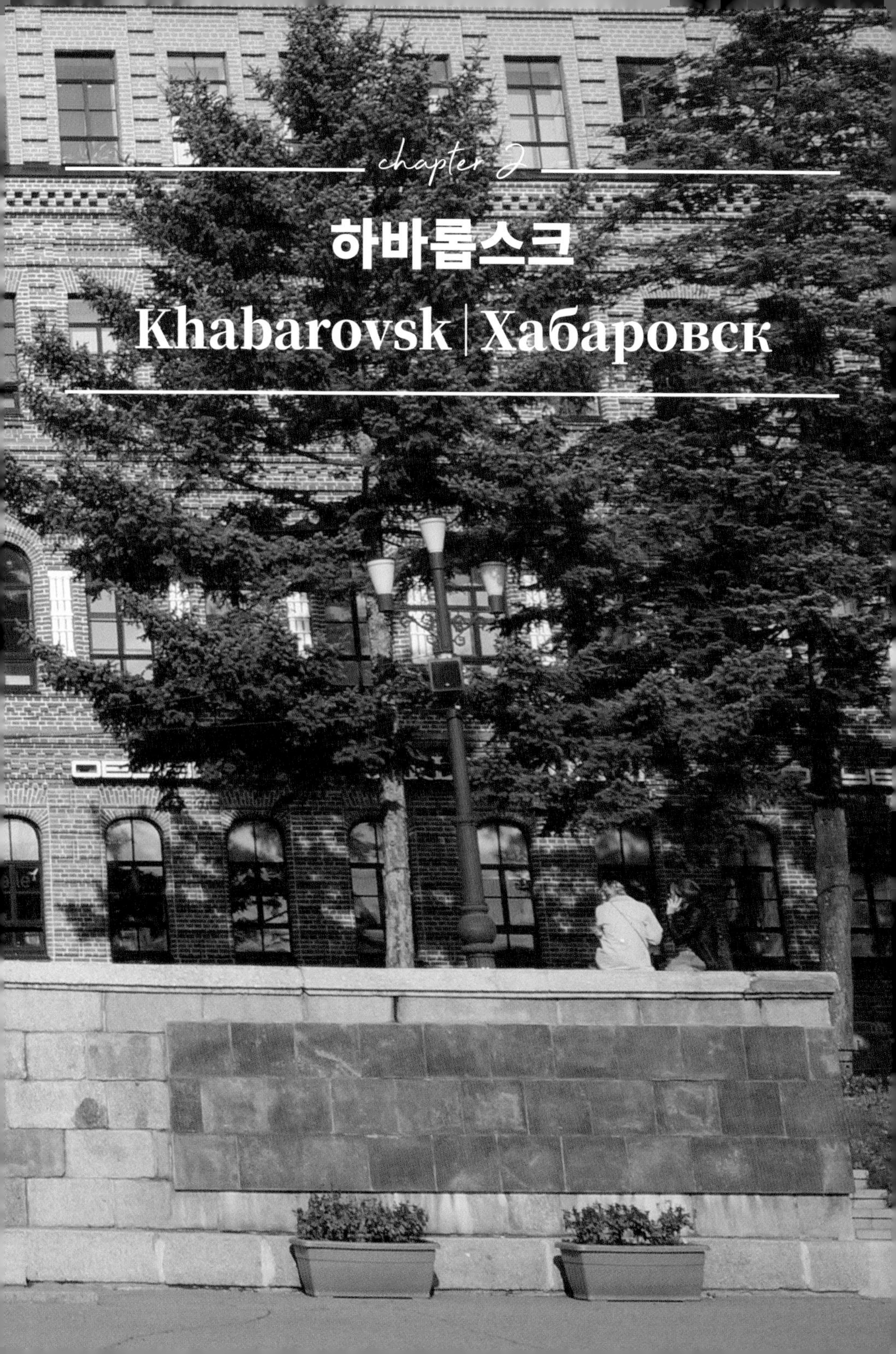

Information

아무르 강이 흐르는 낭만적인 유럽풍 도시 하바롭스크

유럽 느낌이 물씬 풍기는 하바롭스크는 남성적인 블라디보스토크와 달리 여성적 느낌에 포근함까지 감돈다. 세계에서 10번째로 길고 8번째로 큰 아무르Amur 강이 중국의 만주와 하바롭스크를 거쳐 북쪽 오오츠크 해로 유유히 흘러가는데, 그 넓고 잔잔함이 강변을 따라 난 산책로와 아름다운 공원들, 정교회들과 어우러져 낭만적 분위기가 감돈다. 러시아 내전에서도 큰 피해 없이 잔존한 유럽식 건물들은 하바롭스크를 극동지역의 주요 관광지로 만드는 데 큰 공헌을 하고 있다. 하바롭스크에서 가장 번화한 무라비예바–아무르스코고Muravyeva-Amurskogo 거리를 걷다보면, 순간 유럽의 어느 도시에 와 있는 듯한 착각이 든다. 하지만 거리 끝, 붉은 건물 앞에 우뚝 서 있는 레닌 동상을 마주하는 순간, 세계 최초의 사회주의 국가였던 러시아의 또 다른 역사와 문화를 접하게 된다. 아름다운 서구 유럽의 문화적 유산과 구소련의 역사적 유산이 혼합된 하바롭스크는 어찌 보면 우리가 흔히 블라디보스토크를 두고 하는 말, '아시아에서 가장 가까운 유럽'에 더 적합하다고 할 수 있다.

Check

하바롭스크에서 꼭 해야 할 일

- ☐ 아무르 강변 산책로 걷기
- ☐ 예쁜 성당들 앞에서 인생 사진 남기기
- ☐ 무라비예바-아무르스코고 거리에서 유럽을 만끽하기
- ☐ 볼거리가 한가득! 하바롭스크 향토박물관 관람하기
- ☐ 맛집 탐방하기

1. 드나들기

비행기

인천에서 시베리아 항공(S7), 아에로플로트 직항편이, 대구에서 티웨이 항공이 운행 중이다(3시간 전후). 인천에서 블라디보스토크를 경유하는 항공편도 있다. 이르쿠츠크(3시간 전후)와 블라디보스토크(1시간 20분) 간에도 직항편이 있으며, 모스크바에서는 7시간 30분 정도 소요된다.

기차

블라디보스토크에서 출발한 시베리아 횡단열차는 하바롭스크를 거쳐 이르쿠츠크로 향한다. 블라디보스토크에서는 14시간(일반적으로 관광객들은 야간열차를 타고 아침 일찍 목적지에 도착하는 스케줄을 선호한다), 이르쿠츠크에서는 70시간 정도 걸린다. 열차 티켓은 러시아 철도청 홈페이지(영문)에서 예약할 수 있다(p.35 참고).

Tip 1

하바롭스크 공항시설

국제선 청사 내에는 환전소도, 유심 판매소도 없다. 급하게 사용할 소액의 루블은 한국에서 미리 환전해가거나 국제선 도착홀에 있는 ATM기에서 출금하는 방법이 있다. 유심은 국내선 청사의 Beeline 매장에서 구입 가능하다. 국내선 청사는 도보 10분 거리에 위치해 있는데, 국제선에 비해 규모도 크고 카페나 기념품숍, 휴식 공간(2층)도 있다. 국제선과 국내선 사이에 신 국내선 청사가 건축 중이며, 2019년 말 완공 예정이다.

Tip 2

기차역 시설

하바롭스크 기차역 지하에 수화물 보관소가 있다. 짐 한 개당 170~200루블. 1일 2회, 오전 8시와 오후 8시에 15분간 문을 닫는다. 3층에 승객 대기실이 있다. 넓고 쾌적하다. 기차역을 바라보고 오른쪽 건물 내 1층에 슈퍼마켓이 있다. 시베리아 횡단열차를 타기 전 이곳에서 먹거리를 준비하면 된다. 운영시간은 09:00~22:00.

2. 공항에서 시내로 이동하기

국제선 청사를 나와 100미터 정도 직진하면 버스 및 트롤리 버스 정류장이 나온다. 여기서 **트롤리 버스 1번**을 타면 레닌 광장을 거쳐 콤소몰 광장까지 간다. 약 1시간 소요, 편도 25루블. 하바롭스크 기차역으로 가려면 버스 35번을 타면 된다. 약 40분 소요, 편도 30루블. **사설택시**는 시내까지 1,000루블 정도 부른다. 애플리케이션을 통해 **얀덱스**나 **막심 택시**를 부르면 300~400루블 정도로 저렴해진다.

트롤리 버스

사설택시

Information

3. 시내에서 이동하기

하바롭스크의 주요 관광지는 콤소몰 광장을 중심으로 모여 있으며, 스파소-프레오브라젠스키 성당이나 레닌 광장까지는 조금 거리가 있지만 걸어갈 만하다. 하지만 하바롭스크 기차역에서 레닌 광장, 혹은 콤소몰 광장까지는 **버스**나 **트롤리 버스**(트램처럼 전기선이 연결돼 있는 버스, 러시아어로는 '뜨랄레이부스'라 한다), **트램**(러시아어로 '뜨람바이'라 한다) 등을 적절하게 이용해야 한다. 요금은 25루블(야간에는 30루블) 정도 하며, 탑승 후 검표원이 요금을 걷으러 온다. **미니버스**는 하차 시 운전사에게 요금을 지불한다. 대중교통 이용 시 구글 맵스나 2GIS 맵을 사용하면 의사소통이 안 돼도 실수 없이 목적지에 닿을 수 있다.

Tip 3

긴급연락처

블라디보스토크 한국 영사관
(하바롭스크 포함 관할)

주소 ul. Pologaya, 19, Vladivostok

전화 **근무 시간 중**
(+7-4232) 402-222
근무 시간 외 및 비상시
(+7-914) 712-0818, 072-8347
한국영사 콜센터
810800-2022-2082

버스
미니버스
트램
트롤리 버스

4. 기타 정보

하바롭스크 투어리스트 인포메이션 센터

Khabarovsk Tourist Information Centre

공항 국내선 청사 1층에 인포메이션 센터가 있어 간단한 정보를 얻을 수 있다. 시내 및 하바롭스크 기차역에는 인포메이션 센터가 마련되어 있지 않다.

환전

한국에서 달러로 환전해간 후, 시내의 은행(녹색 간판의 스베르방크Sberbank, Сбербанк 등)에서 재환전하는 것이 가장 좋다. 하바롭스크 공항에는 환전소가 없으므로 당장 쓸 교통비와 비상금 정도는 한국에서 루블로 미리 환전하거나 ATM을 사용해야 한다.

유심 칩

하바롭스크 기차역이나 중앙시장, 레닌 광장 근처에 MTC나 Beeline 매장이 있다. 공항 국내선 청사 1층 Beeline 매장에서도 유심 칩 구입이 가능하다. 사용할 기간과 지역에 따라 요금이 달라지며, 여권이 필요하다.

하바롭스크 평균 기온과 옷차림

	1월	2월	3월	4월	5월	6월	7월	8월	9월	10월	11월	12월
최고기온(℃)	−17	−12	2	10	18	24	26	24	18	9	−4	−14
최저기온(℃)	−24	−21	−12	−0.2	7	13	17	16	9	0.4	−11	−21
비/눈(일)	3	3	4	7	9	9	10	11	10	7	5	5

5월부터 9월까지 따뜻한 날씨가 이어져 여행하기 좋다. 하지만 비 오는 날이 많은 편이고, 아침저녁으로 쌀쌀할 수도 있어 겉옷 하나쯤은 챙기는 것이 좋다. 12~2월에는 시베리아의 강추위가 몰아쳐 철저한 방한대비가 필요하다.

5. 일정

하바롭스크 관광지는 아무르 강변 부근에 몰려 있어 아래와 같은 루트로 부지런히 돌아보면 하루도 충분하다. 하지만 하루 정도 더 여유를 갖고 강변이나 공원을 산책하고 맛집을 찾아다니며 하바롭스크의 유럽풍 건축물과 아름다운 자연의 평화를 맘껏 누려보는 것을 추천한다.

구세주 변모 대성당 p.146 → **슬라브 광장** p.146 → 콤소몰 광장 p.141 → **성모승천 대성당** p.141 → 무라비예바-아무르스코고 공원 p.143 → **하바롭스크 향토박물관** p.148 → **무라비예바-아무르스코고 거리** p.144 → **레닌 광장** p.145 → 중앙시장 p.155 → 숙소

무라비예바-아무르스코고 공원

무라비예바-아무르스코고 거리

하바롭스크
N
샴베리 마트, 부산(한식당) 방향
ul. Voronezhskaya
하바롭스크 기차역
호스텔 U 보크자라 브랜슨
에로페이 하바로프 기념비
호텔 에니그마
Leningradskiy per.
에로페이 호텔
샴베리 마트
개를 데리고 다니는 여인상
별자리상
Amurskiy Bulvar
ul. Serysheva
ul. Dikopoltseva
시나본
ul. Kim Yu Chena
ul. Lva Tolstogo
코리아(한식당)
엔케이 시티
ul. Karl Marx
아스티 호텔
중앙시장
나푸시키나 쇼핑몰
푸드코트 한식 코너
가이다르 어린이 공원
ul. Pushkina
ul. Kalinina
디나모 공원
레닌 동상
ul. Zaparina
ul. Frunze
레닌 광장
사랑의 다리
보행자 분수(40m)
커피 리퍼블릭
무라비예바-아무르스코고 거리
브레멘 음악대 동상
무라비예바-아무르스코고 공원
카바촉
부티크 호텔 하바롭스크 시티
플란타찌야
Ussuriyskiy Bulvar
구 의회 건물
소브키노(영화관)
성 페테와 페브로니아의 동상
호텔 베르바
타이니 리미슬라
ul. Muravyeva-Amurskogo
브드로바 피제리아
시나본
검은 튤립상
놀이공원
사찌비
하바롭스크 향토박물관
까르트니 드보르
바린 하우스
야코프 디아첸코 장군 기념비
영광의 군사도시 기념탑
미트미트
ul. Lenina
ul. Komsomolskaya
군사박물관
흘레보마스
발렌시아 미니 호텔
무라비예프 아무르스키 백작 기념비
전망대 (Utes)
성모승천 대성당
파니 파짜니
극동 주립 연구도서관
술탄 바자르
극동미술관
콤소몰 광장
하바롭스크 필하모닉
ul. Turgeneva
파루스 호텔
ul. Shevchenko
카카두 호스텔
유람선 선착장
여객선 터미널
영원의 불꽃
슬라브 광장
하바롭스크 국립 서커스 방향
구세주 변모 대성당
소프카 호텔

Sightseeing ★★★

❶

성모승천 대성당 Assumption Cathedral | Градо-Хабаровский Собор Успения Божией Матери

1890년에 처음 건축됐으나, 구소련 정부 때 파괴되었다가 2002년 지금의 모습으로 재건되었다. 외관이 예쁜 러시아 정교회 성당으로, 2004년에는 푸틴 대통령이 방문할 만큼 하바롭스크의 대표적인 랜드마크가 되었다. 일명 '천국의 계단'이라 불리는 성당 앞 계단을 내려오면 아무르 강변으로 이어진다. 서쪽 광장(콤소몰 광장 반대편)에는 러일전쟁을 기념해 **영광의 군사도시 기념탑**이 세워져 있고, 그 아래쪽으로 작지만 예쁘장하게 꾸민 **소보르나야 광장**Sobornaya Ploshchad이 있다.

주소 Pl. Cathedral, 1, Khabarovsk

위치 트롤리 버스 1번 콤소몰 광장 앞 하차

GPS 48.473018, 135.056559

영광의 군사도시 기념탑

천국의 계단

소보르나야 광장

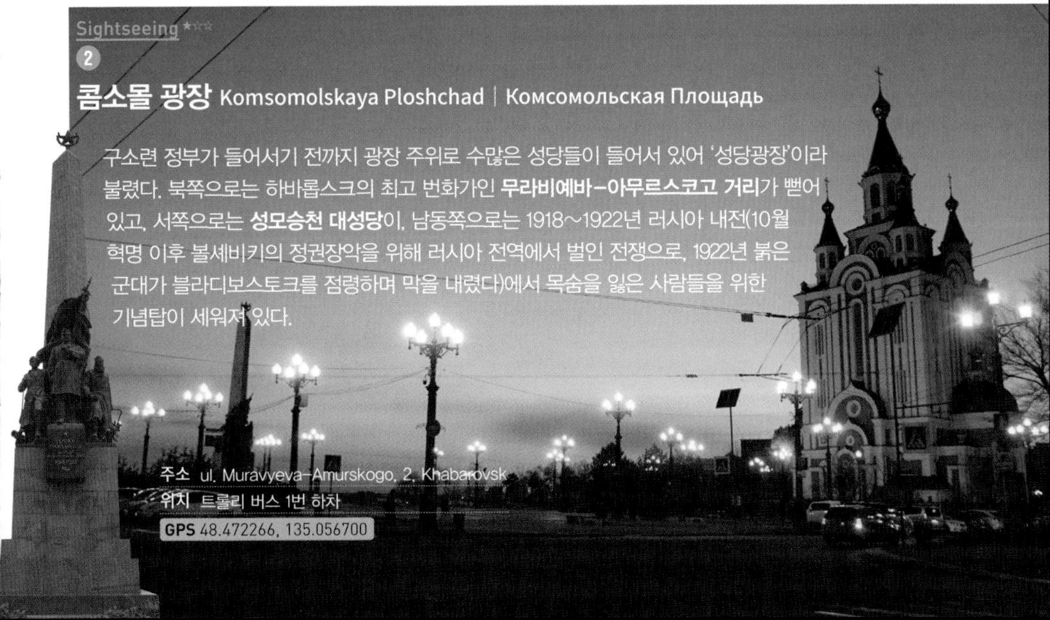

Sightseeing ★☆☆

❷

콤소몰 광장 Komsomolskaya Ploshchad | Комсомольская Площадь

구소련 정부가 들어서기 전까지 광장 주위로 수많은 성당들이 들어서 있어 '성당광장'이라 불렸다. 북쪽으로는 하바롭스크의 최고 번화가인 **무라비예바-아무르스코고 거리**가 뻗어 있고, 서쪽으로는 **성모승천 대성당**이, 남동쪽으로는 1918~1922년 러시아 내전(10월 혁명 이후 볼셰비키의 정권장악을 위해 러시아 전역에서 벌인 전쟁으로, 1922년 붉은 군대가 블라디보스토크를 점령하며 막을 내렸다)에서 목숨을 잃은 사람들을 위한 기념탑이 세워져 있다.

주소 ul. Muravyeva-Amurskogo, 2, Khabarovsk

위치 트롤리 버스 1번 하차

GPS 48.472266, 135.056700

More&More

하바롭스크의 기념비 및 조각상들

여기저기 눈에 띄는 각종 기념비들을 정리해보면 다음과 같다.

❶

무라비예프 아무르스키 백작 기념비 Monument of Muraviev-Amur

극동지역의 총독으로 하바롭스크 도시를 탄생시킨 장본인이다. 백작의 조각상은 5,000루블 지폐에 아무르 강변 풍경과 함께 새겨져 있다.

❷

야코프 디아첸코 장군 기념비 Monument Captain Yakov Dyachenko

아무르 강변에 상륙한 해군 장교로 하바롭스크에 정착촌을 건설한 인물이다.

❸

에로페이 하바로프 기념비 Monument to Erofey Khabarov

1858년 하바롭스크를 처음 개척한 인물이다. 하바롭스크 시 100주년을 기념해 1958년 세운 것이다.

❹

별자리상 Signs of Zodiac

12개의 별자리를 동상으로 만들었다. 하바롭스크 기차역에서 무라비예바 아무르스코고 거리를 따라 내려오면 볼 수 있다(Amurskiy Bulvar. 51, Khabarovsk).

❺

개를 데리고 다니는 여인상 Sculpture The Lady with the Dog

안톤 체호프의 단편 『개를 데리고 다니는 여인』을 연상시키는 조각상으로, 개의 코를 만지면 행운이 온다고 전해진다(Vladivostokskaya St. 67).

❻

검은 튤립상 Monument Black Tulip

아프가니스탄 전쟁 전사자를 위한 추모상(Lenin's Stadium, Khabarovsk).

❼

성 페터와 페브로니아의 동상 Saints Peter and Fevronia

러시아 정교회에서 가족과 결혼의 수호성인으로 지정된 성 페터와 페브로니아의 동상이다. 특히 연인들이 많이 찾는다(Amurskiy Bulvar. 1A, Khabarovsk).

❽

영광의 군사도시 기념탑 City of Military Glory Stela

러일전쟁 시 일본의 침략에 맞서 전초기지로서의 역할을 다한 하바롭스크 시의 영광을 나타내는 기념탑이다(Sobornaya Sqare. 1, Khabarovsk).

3

무라비예바-아무르스코고 공원

Park im. N.N. Muravyeva-Amurskogo | парк им. Н.Н. Муравьева-Амурского

아무르 강변에 조성된 공원으로, 레닌 광장에서 하바롭스크 향토박물관이 있는 박물관 단지, 성모승천 대성당을 지나 유람선 선착장까지 긴 **산책로**가 이어져 있다. 북서쪽에는 수영장, 육상경기장, 빙상경기장 등의 **스포츠 단지**가 들어서 있고, 관람차, 범퍼 카, 공중그네 등이 있는 **놀이공원**도 조성돼 있다. 최근 새로 등장한 **보행자 분수**는 음악과 조명이 더해진 화려한 분수 쇼로 큰 사랑을 받고 있다. 특히 하바롭스크 향토박물관 뒤편에 위치한 **무라비예바 아무르스키 장군 기념비**와 **전망대**는 이곳의 하이라이트로 절대 놓치지 말자.

위치 성모승천 대성당 맞은편

GPS 48.472909, 135.049733

무라비예바 아무르스키 장군 기념비

Tip 아무르 강 유람선

바다같이 드넓은 아무르 강을 즐기는 또 하나의 방법은 바로 유람선 탑승이다. 강변 산책로 끝에 있는 선착장에서 출발하여 북쪽 아무르 강 대교까지 갔다가 되돌아온다(약 1시간가량 소요). 요금은 400루블이며, 탑승하고 나서 지불하면 된다. 오후 1시부터 2시간 간격으로 출발(현지 재확인 필수)하며 석양 무렵이 가장 인기 있는 시간대다.

Sightseeing ★★☆

4

무라비예바-아무르스코고 거리

Ulitsa Muravyeva-Amurskogo | Улица Муравьева-Амурского

레닌 광장에서 콤소몰 광장까지 약 1.5km에 이르는 거리로, 하바롭스크에서 가장 번화한 곳이다. 러시아 내전 중에도 파괴되지 않은 19세기 유럽풍 건축물들이 들어서 있어 진정한 유럽의 느낌이 물씬 풍긴다. 이 거리에서 주목해야 할 역사적 건축물로는 1번지의 극동 주립 연구도서관, 러시아 아르누보 양식을 띤 7번지의 쇼핑몰, 기념품 숍, 아웃도어 숍 등이 들어서 있는 17번지의 구 의회 건물 등이 있다. 특히 이 거리에는 하바롭스크의 맛집들이 대거 포진해 있고, 각종 숍과 극장, 쇼핑몰들이 늘어서 있어 산책하기에도 좋다.

위치 콤소몰 광장 북쪽으로 뻗은 거리

GPS 48.472982, 135.057645

17번지 구의회 건물

극동 주립 연구도서관

Sightseeing ★★★

5

레닌 광장 Lenin Square | Площадь имени Ленина

하바롭스크 시의 중앙광장으로, 모스크바의 붉은 광장에 이어 러시아에서 두 번째로 넓은 광장이다. 1925년에는 레닌 동상이 광장 중앙에 자리해 있었지만, 1998년 재단장을 단행한 이후로는 강렬한 붉은 벽돌의 현대미술관 건물 앞으로 자리를 옮겼다. 현재는 레닌 광장을 내려다보고 있다. 레닌 광장은 거대한 중앙 분수와 양옆 4개씩 총 8개의 분수로 둘러싸여 있는데, 야간에는 화려한 조명까지 더해져 큰 인기를 끈다. 겨울에는 이곳에 얼음 조각상이 들어서며, 매년 1월 얼음 축제가 개최된다.

위치 콤소몰 광장에서 도보 20분

GPS 48.480031, 135.071618

현대미술관 앞

Sightseeing ★☆☆

6

디나모 공원 Park Dinamo | парк "Динамо"

시내 중심에 위치한 시민공원으로 녹지대와 인공호수, 폭포, 산책로, 테니스 코트와 어린이 놀이시설 등이 갖춰져 있다. 인공호수 근처에는 그림 형제의 동화 『브레멘 음악대』의 캐릭터 동상Bremen Town Musicians Sculpture들도 세워져 있다. 디나모 공원 바로 앞에는 회전목마와 장난감 자동차 등 어린이 놀이시설을 갖추고 있는 '가이다르 어린이 공원'이 있다.

주소 Karl Marx St. 62, Khabarovsk

위치 레닌 광장에서 도보 5분

GPS 48.483446, 135.075959

가이다르 어린이 공원

Sightseeing ★★★

7

슬라브 광장 Ploshchad Slavy | Площадь Славы

구세주 변모 대성당이 들어서 있는 슬라브 광장은 대조국전쟁(제2차 세계대전 중 독일의 침입)에서의 승리 30주년을 기념해 조성된 것으로 '명예광장'으로도 불린다. 광장 중앙에 서 있는 **오벨리스크**(명예의 탑 Monument of Glory)에는 대조국 전쟁에서 혁혁한 공을 세운 하바롭스크 출신 영웅들의 이름이 새겨져 있고, 구소련에서 무훈의 상징으로 수여되었던 오각형의 별 훈장과, 승리의 영광을 상징하는 월계수 잎이 그 위에 둘러져 있다. 슬라브 광장에서 언덕을 내려서면 제2차 세계대전에서 희생된 사람 32,662명의 이름이 새겨진 반원형의 기념벽이 세워져 있고, 그 앞에는 이들의 넋을 기리는 **영원한 불꽃**이 타오르고 있다.

주소 Ploshchad Slavy Khabarovsk
위치 콤소몰 광장에서 도보 15분
GPS 48.466874, 135.064262

명예의 탑

Sightseeing ★★★

8

구세주 변모 대성당 Spaso-Preobrazhensky Cathedral | Спасо-Преображенский собор

2004년 슬라브 광장에 세워진 이 성당은 높이 96미터로, 상트페테르부르크의 성 이삭 성당, 모스크바의 성 구세주 성당에 이어 러시아에서 세 번째로 높은 성당으로 알려져 있다. 크림색 건물 위에 금색 돔이 얹어져 있어 성모승천 대성당과는 달리 숭고미가 느껴진다. 구세주 변모 대성당 왼편에는 수도원-신학교가 위치해 있다.

주소 ul. Turgeneva, 24, Khabarovsk
위치 콤소몰 광장에서 도보 15분
GPS 48.466176, 135.067132

Sightseeing ★★☆

9

극동미술관 Far Eastern Art Museum | Дальневосточный художественный музей

1931년 처음 문을 연 미술관으로 트레차코프 갤러리와 에르미타주 박물관, 러시안 박물관의 소장품들을 지원받아, 티치아노와 같은 서유럽의 유명 화가뿐 아니라 일리야 레핀 같은 러시아 작가들의 작품들도 보유하고 있다. 이 외 러시아 성화들과 일본 도자기들도 볼 수 있다.

주소 ul. Shevchenko, 7, Khabarovsk
위치 콤소몰 광장에서 도보 3분
운영 화~일 10:00~18:00
휴무 월요일
요금 250RUB

GPS 48.473131, 135.052528

Sightseeing ★★★

⑩

하바롭스크 향토박물관

Khabarovsk Regional Museum | Хабаровский краевой музей им. Н.И. Гродекова

1894년에 세워진, 극동지역에서 가장 오래된 박물관 중 하나로 43만여 점의 소장품을 자랑한다. 하바롭스크의 자연과학과 고고학, 민족학, 역사학 등을 총괄하는 곳으로 2개의 건물로 나눠져 있다. 오른쪽 건물에는 자연과학 전시물이, 왼쪽 건물에는 고고학, 민족학, 역사학 전시물들이 집중되어 있다. 자연과학 구역에서는 실물 크기의 공룡 뼈나 18세기 멸종된 것으로 알려진 물소 스텔레로바야의 뼈, 달에서 가져온 토양 샘플과 연해주 지역에 떨어진 운석 등이 흥미롭다. 본격적인 볼거리는 왼쪽 건물에 몰려 있는데, 러시아인들의 이주 전부터 하바롭스크 지역에 살았던 아시아인들의 삶과 문화, 러시아인들의 이주 이후부터 러시아 혁명을 거쳐 지금에 이르기까지 당시의 생활 모습들을 재현하고 고증 자료들을 더해 눈을 뗄 수 없게 만든다. 이곳의 하이라이트는 360도 원형 룸에 재현해 놓은 볼로차예프스카 전투도(러시아 혁명군이 제정 러시아 백군과 일본의 연합부대를 무찌르고 하바롭스크에 입성하게 된 전투)로, 그림과 모형을 넘나드는 데다 사운드까지 더해 생생함이 남다르다.

주소 ul. Shevchenko, 11, Khabarovsk
위치 콤소몰 광장에서 도보 4분
운영 화~일 10:00~18:00
휴무 월요일
요금 성인 400RUB

GPS 48.473384, 135.050573

Food : 추천

❶

브드로바 피제리아 Vdrova Pizzeria | Пиццерия

대기 시간이 있을 만큼 현지인들에게 인기 있는 이탈리안 레스토랑이다. 특히 화덕에서 바로 구워 나오는 피자가 맛있기로 유명하다. 어릿광대가 유쾌하게 손님을 맞고, 여기저기 주문을 요구하는 "맘마미아" 외침소리와 손님들의 이야기 소리, 음악소리가 뒤섞여 시끌벅적 경쾌한 분위기다. 영어 메뉴판은 없지만, 영어가 가능한 직원이 있어 친절하게 도와준다.

주소 ul. Muravyeva-Amurskogo, 15, Khabarovsk
위치 콤소몰 광장에서 북쪽으로 도보 7분
운영 11:00~24:00
요금 피자 360RUB~, 스파게티 280RUB~

GPS 48.475691, 135.062080

Food

❷

카바촉 Kabachok | Кабачок

'작은 레스토랑'이라는 뜻의 카바촉은 우크라이나 전통 음식점이다. 러시아 전통 가옥들처럼 목재를 이용한 실내 인테리어가 푸근한 느낌을 준다. 비트를 넣어 만든 붉은 수프 보르시와 키예프 치킨 커틀릿, 우리나라의 만두와 비슷한 펠메니 같은 음식들은 우리 입맛에도 잘 맞는다.

주소 ul. Zaparina, 84, Khabarovsk
위치 콤소몰 광장에서 북쪽으로 도보 11분
운영 12:00~24:00
요금 우크라이나 보르시 320RUB, 양 샤슬릭 830RUB, 키예프 키친 커틀릿 440RUB

GPS 48.477789, 135.063907

Food : 추천

3

파니 파짜니 Pani Fazani | Пани Фазани

시끌벅적한 분위기에서 맛 좋은 체코식 수제 맥주를 맛볼 수 있는 곳으로, 맥주를 좋아하는 사람이라면 꼭 한번 가보자. 실내에 들어서면 커다란 양조통이 보이고, 단골들이 자신의 이름을 새긴 개인 맥주잔이 한쪽 정리장을 가득 채우고 있다. 오픈 바와 주방을 지나면 체코식 선술집 분위기(하물며 반려견처럼 새끼돼지도 키운다!)의 테이블들이 있고, 전통복장을 한 직원들이 경쾌하게 주문을 받는다. 영어 메뉴판은 없지만, 사진이 있어 주문하기 편하다. 참고로 같은 건물 한 층 위에 위치한 '**술탄 바자르**'는 아랍식 레스토랑으로, 『아라비안 나이트』의 소설 속에 들어온 듯한 느낌에 경쾌한 분위기를 즐기며 아랍풍의 러시안 퓨전 음식들을 맛볼 수 있다.

주소 ul. Muravyeva-Amurskogo, 3a, Khabarovsk
위치 콤소몰 광장에서 북쪽으로 도보 3분
운영 17:00~02:00
요금 수제 맥주 210RUB, 안주류 단품 400RUB 내외

GPS 48.473211, 135.057918

Food

4

플란타찌야 Plantatsiya | Плантация

가성비로 본다면 러시아 전역에서 최고의 디저트 카페로 손꼽고 싶다! 베리가 잔뜩 얹힌 보드랍고 달콤한 케이크가 60루블, 알록달록 예쁜 에클레어가 55루블, 맛 좋은 아메리카노 한 잔 가득 120루블. 매장도 넓고 쾌적해 쉬었다 가기 그만이다. 아침 일찍 문을 여는 것도 장점 중 하나다. 꼭 한번 방문해보자.

주소 ul. Muravyeva-Amurskogo, 36, Khabarovsk
위치 콤소몰 광장에서 북쪽으로 도보 12분
운영 08:00~24:00
요금 아메리카노 70RUB~, 디저트류 55RUB~

GPS 48.477069, 135.066211

Food

5

사찌비 Satsivi | Сациви

트립어드바이저 1, 2위를 다투는 조지안 레스토랑으로 현지인들과 관광객들로 항상 북적이는 곳이다. 야외 테라스석을 지나 실내로 들어서면 중앙 러시아의 전통을 살린 고급스러운 분위기가 느껴진다. 영어 메뉴판이 있으며, 종류가 많아 주문하기 어렵다면 하차푸리, 샤슬릭, 보르시, 힌칼리 등 조지아의 대표 음식들을 선택하면 무난하다.

주소 ul. Frunze, 53, Khabarovsk
위치 콤소몰 광장에서 북쪽으로 도보 10분
운영 일~금 12:00~02:00
휴무 토요일
요금 하차푸리 300RUB~, 힌칼리(개당) 70RUB, 라즈베리 주스 150RUB

GPS 48.474940, 135.063973

Food

6

한식당들

기차역 북서쪽 샴베리 마트 근처에는 한국 패키지 관광객들이 많이 이용하는 **부산**Busan이, 무라비예바-아무르스코고 거리에는 러시아인이 운영하는 **강남**Gangnam이, 중앙시장 인근에는 고려인이 운영하는 **코리아**Koreya가 있다. 나푸시키나Na Pushkina 쇼핑몰의 **푸드코트**에도 한식 코너, **반찬**이 있는데, 가격이 저렴하면서도 맛도 나쁘지 않아 주머니가 가벼운 여행자들에게 특히 반갑다.

위치 지도(p.140) 참조

GPS 부산 48.506524, 135.067309
강남 48.474711, 135.063109
반찬 48.485686, 135.067522
(*나푸시키나 쇼핑몰의 푸드코트)
코리아 48.488739, 135.072161

Food

7

시나본 Cinnabon

우리나라를 비롯해 전 세계 50여 개국에 매장이 있는 글로벌 체인 디저트 카페로, 우리나라보다 저렴한 가격에 디저트와 음료를 맛볼 수 있다. 이곳의 대표 메뉴는 역시 시나몬 롤. 시나몬 향이 솔솔 나는 롤 위에 설탕 글레이즈가 잔뜩 얹어져 극강의 당도를 자랑한다. 실내는 널찍하고 깔끔해 쉬었다 가기 좋다.

주소 Ulitsa Murav'yeva-Amurskogo, 24, Khabarovsk
위치 콤소몰 광장에서 도보 8분
운영 10:00~22:00
요금 시나몰롤 175RUB, 커피 80RUB~
GPS 48.475592, 135.063102

Food

8

커피 리퍼블릭 Coffee Repubic

레닌 광장 근처에 위치한 카페로, 아늑한 분위기에 음식 맛도 좋다고 입소문이 나면서 한국어 메뉴판까지 등장한 곳이다. 점심 12시까지는 오믈렛, 샌드위치, 와플 등의 브렉퍼스트 메뉴를 주문할 수 있으며, 버거류나 핫밀, 샐러드 등은 그 후부터 가능하다. 블랙커피는 케멕스, 에어로프레스, 푸어오버 같은 추출방법을 선택할 수도 있다.

주소 Ulitsa Murav'yeva-Amurskogo, 50, Khabarovsk
위치 레닌 광장에서 도보 3분
운영 08:00~24:00
요금 커피 120RUB~, 버거 360RUB~
홈피 www.cofrep.ru
GPS 48.478878, 135.070230

Food : 추천

9

흘레보먀스 Khlebomyas | Хлебомясъ

현지인들에게 유명한 수제버거 전문점으로, 착한 가격에 맛도 좋고, 캐주얼한 분위기로 젊은이들이 많이 찾는다. 영어 메뉴판이 없어 직원의 도움을 받아야 하는 불편은 있지만, 한국인들은 대부분 고추 그림이 그려진 더블더블버거(패티와 치즈가 2개씩 있다)나 유일하게 영어로 쓰인 블랙 매직 버거(오징어먹물 버거), 가장 비싼 차돌박이 버거를 선택한다. 그 외 스테이크나 감자튀김, 어니언링, 치킨윙, 오믈렛 등이 있으며, 콜라, 커피, 생맥주 등을 주문할 수 있다. 계산 후 번호표를 주는데, 전광판에 번호가 뜨면 번호표를 주고 받아오면 된다. 음료는 안쪽 바에서 받아온다.

주소 Ulitsa Murav'yeva–Amurskogo, 5, Khabarovsk
위치 콤소몰 광장에서 도보 3분
운영 08:00~05:00
요금 햄버거 150RUB~, 스테이크 185RUB~, 감자튀김 70RUB
홈피 www.hlebomyas.ru
GPS 48.473752, 135.059013

Food : 추천

10

미트미트 Meetmeat

고급스러운 분위기에서 정성스러운 서비스를 받으며 부담 없는 가격에 질 좋은 스테이크를 맛볼 수 있는 곳이다. 한국인들에게 입소문이 나면서 메뉴판에 한국어까지 등장했는데, 스테이크의 특징과 굽기 정도까지 친절한 설명이 눈에 띈다. 오후 4시까지는 샐러드, 메인, 디저트, 음료를 포함한 런치 세트도 판매하는데, 단돈 390루블. 우리 돈으로 8천 원이 안 된다. 맛 중심이라면 단품 스테이크를, 예산 중심이라면 런치 세트를 공략해보자.

주소 Ulitsa Murav'yeva–Amurskogo, 5, Khabarovsk
위치 콤소몰 광장에서 도보 3분. 현관을 들어가 한 층을 더 올라간다.
운영 12:00~24:00
요금 스테이크 490~1,190RUB
홈피 www.mmrest.ru
GPS 48.473826, 135.059124

Night Life ★★☆

1

하바롭스크 국립 서커스 Khabarovsk State Circus | Хабаровский Государственный Цирк

각 주마다 주립 서커스단이 있을 만큼 서커스는 러시아의 국민 엔터테인먼트로 자리를 잡았다. 하바롭스크 역시 시내에서는 약간 떨어져 있지만 서커스 전용 극장이 있고, 자체 공연 외 국내외 극단들의 순회공연들이 펼쳐진다. 동물쇼를 중심으로 하는 자체 공연은 주로 아이들을 대상으로 하기 때문에, 순회공연에 비해 수준이 떨어지는 편이다. 공연 일정 확인 및 티켓 구매는 무라비예바-아무르스코고 거리에 있는 영화관 소브키노 Sovkino(콤소몰 광장에서 도보 10분)에서도 가능하다.

주소 ul. Krasnorechenskaya, 102, Khabarovsk

위치 레닌 광장에서 트램 1번을 타고 가가린 공원(Park Gagarina)에서 하차(약 30분 소요)

운영 홈페이지 참조 (구글 크롬 자동 번역 기능을 사용)

요금 600RUB~ (프로그램 및 좌석에 따라 다름)

홈피 www.habarovsk.glavcirk.ru

GPS 48.438535, 135.115000

© 하바롭스크 국립 서커스

Night Life ★★☆

2

하바롭스크 필하모닉 Khabarovsk Philharmonic | Хабаровская Краевая Филармония

80년의 역사를 가진 하바롭스크 필하모닉은 462석 규모의 메인홀과 98석의 체임버홀로 나뉘어져 있다. 클래식 애호가들을 위한 다양한 연주회를 비롯해 어린이 교육활동 지원, 어린이들을 위한 음악 공연들을 꾸준하게 선보이고 있다. 공연일정은 홈페이지에서 확인 가능하다.

주소 Ulitsa Shevchenko, 7, Khabarovsk

운영 콤소몰 광장에서 도보 3분 (극동 미술관과 같은 건물)

요금 400RUB~(공연에 따라 다름)

홈피 www.phildv.ru

GPS 48.473055, 135.052414

© filarmoniya_khv

© filarmoniya_khv

Banya ★★☆

1

바린 하우스 Barin House | Барин Хаус

러시아식 사우나, 반야를 즐길 수 있는 곳이다. 주택가에 위치해 있어 독채가 아닌 독방식 구조이며, 각 방마다 침대와 대형 테이블, 사우나실과 샤워실이 있다. 타월과 샴푸, 드라이어는 비치돼 있고, 사우나복, 샤워젤, 먹을거리 등은 개별적으로 준비해야 한다. 러시아어로 전화예약하거나 직접 찾아가는 방법이 유일하다.

주소 Ulitsa Gamarnika, 72 Khabarovsk
위치 레닌 광장에서 도보 20분
요금 시간당 1,500RUB(최대 4인)
전화 (4212) 41-2425
홈피 www.instagram.com/barin_house

GPS 48.475586, 135.085398

Tip 호텔 반야 즐기기

쉽게 말하면, 호텔 내 러시아식 사우나를 이용하는 것이다. 기차역에서 도보 5분 거리에 있는 **에로페이 호텔**Erofey Hotel(3성급)에는 수영장, 혹은 자쿠지를 갖춘 반야 2개가 있다. 시간당 1,600루블부터. 콤소몰 광장 쪽에서 가까운 **베르바 호텔**Verba Hotel(4성급)에는 스파 시설이 있는데, 반야는 물론 터키식 목욕탕, 핀란드식 사우나까지 선택의 폭이 넓다. 투숙객은 25% 할인해준다.

에로페이 호텔 www.erofeyhotel.ru
베르바 호텔 www.verba-hotel.ru

Shopping

1

중앙시장 The Central Food Market | Центральный продовольственный рынок

현지인들이 이용하는 재래시장이다. 신선한 과일과 야채, 육류, 생선 등 각종 식료품을 비롯해 의류, 잡화, 가정용품 등 없는 것이 없다. 실내와 실외로 나뉘어져 있어 상당히 넓고 볼거리도 많다. 관광객들은 꿀이나 과일을 많이 사간다. 중앙시장은 푸시킨 거리 쪽에 위치한 나푸시키나 쇼핑몰과 연결된다. 특별한 살 거리나 볼거리는 없지만, 5층 푸드코트에 가성비 좋은 한식 코너와 무료 화장실이 있어 주목할 만하다.

주소 ul. Lva Tolstogo, 19, Khabarovsk
위치 레닌 광장에서 도보 15분
운영 08:00~21:00

GPS 48.486115, 135.067584

2

샴베리 마트 Samberi | Самбери

하바롭스크 시내에서 가장 크고 저렴한 대형마트로, 하바롭스크 기차역을 중심으로 동서쪽에 각각 있다. 동쪽에 있는 샴베리 마트가 기차역에서 좀 더 가까운 것도 있지만, 근처에 추다데이(당근 크림 등 뷰티제품), 와인 랩(보드카), 꿀 전문점(꿀), 약국들(차가)이 위치해 있어 다양한 품목을 구입하는 데 편리하다. 샴베리 마트는 창고형 마트처럼 꾸며져 있으며, 푸드 섹션에서는 유제품과 냉동 해산물, 베이커리류 등이 잘 갖춰져 있고, 1인용으로 포장된 즉석식품도 많다. 한국인들이 많이 구입하는 알룐카 초콜릿이나 당근 크림(네바 페이스 크림), 아가피아 할머니의 레시피 제품들은 블라디보스토크의 추나데이보다 가격이 훨씬 저렴하다.

샴베리 마트 기차역 동쪽 지점

추다데이

기차역 서쪽 지점

주소 ul. Voronezhskaya, 31, Khabarovsk
위치 하바롭스크 기차역에서 북쪽으로 1.5km(도보 20분)
운영 09:00~21:00
GPS 48.505200, 135.066706

기차역 동쪽 지점

주소 Ulitsa Batuyevskaya Vetka, 20, Khabarovsk
위치 기차역에서 동쪽으로 1km(도보 12분)
운영 08:00~23:00
GPS 48.493875, 135.084599

꿀 전문점

와인 랩

약국들

샴베리 마트 기차역 서쪽 지점

Shopping

3

엔케이 시티 NK Siti | НК Сити

시내에 위치한 쇼핑몰로, 엔케이 시티와 엔케이 플라자НК Плаза가 서로 이웃하고 있다. 럭셔리함(?)을 지향하는 엔케이 플라자와 달리 엔케이 시티는 의류, 잡화, 액세서리, 화장품, 생활용품 등을 판매하는데 한국인들이 방문하는 이유는 딱 한 가지, 슈퍼마켓 때문이다. 샴베리 마트가 히바롭스크 기차역에서도 한참 북쪽으로 더 들어가야 하는 반면, 엔케이 시티는 시내 쪽에 있어 편리하다. 매장 역시 깨끗하고 디스플레이도 잘되어 있으며, 한국인들이 꼭 사는 당근 크림도 다량으로 구비돼 있다. 단, 가격은 샴베리 마트보다 약간 비싸다.

주소 Karl Marx St. 76A, Khabarovsk
위치 레닌 광장에서 도보 20분 혹은 버스 이용
운영 10:00~22:00
GPS 48.488230, 135.083828

Shopping

4

기념품점 Souvenir Shops

무라비예바-아무르스코고 거리의 맛집 브드로바 피제리아 양쪽에 기념품점 두 곳이 있다. 두 곳 모두 회화와 생활 공예 예술품을 비롯해 마트료시카, 마그네틱, 엽서 등을 다양한 기념품들을 판매하고 있다. 브드로바 오른쪽에 위치한 **타이니 리미슬라**Tayny Remesla는 윈도 디스플레이부터 기념품점 느낌이 들지만, 왼쪽에 위치한 **까르트니 드보르**Kartinnyy Dvor는 언뜻 보면 화방처럼 보인다. 타이니 리미슬라가 물건이 더 많고 괜찮지만, 가격은 까르트니 드보르가 더 싼 편이다.

타이니 리미슬라
(Tayny Remesla | ТайныРемесла)
위치 콤소몰 광장에서 도보 8분, 브드로바 피제리아 오른쪽
운영 10:00~19:00
GPS 48.475934, 135.062586

까르트니 드보르
(Kartinnyy Dvor | КартинныйДвор)
위치 콤소몰 광장에서 도보 8분, 브드로바 피제리아 왼쪽
운영 10:00~19:00
GPS 48.475499, 135.061832

Stay : 5성급

❶

파루스 호텔 Parus Hotel

하바롭스크 유일의 5성급 호텔이다. 19세기 건축된 중앙건물은 유럽 고급 호텔의 전형을 보여준다. 파루스의 가장 큰 장점은 역시 위치다. 아무르 강변에 자리해 전망도 훌륭하고 아침저녁 산책하기에도 좋다. 맛집들이 몰려 있는 무라비예바-아무르스코고 거리도 가까워 어디로든 드나들기 편하다. 부대시설로 반야와 비슷한 핀란드식 사우나와 소형 수영장도 있다.

주소 ul. Shevchenko, 5, Khabarovsk
위치 콤소몰 광장에서 도보 2분
요금 스탠더드 트윈룸 8,000RUB~
전화 (4212) 327-270
홈피 www.hotel-parus.com

GPS 48.470998, 135.056573

Stay : 4성급

❷

호텔 베르바 Hotel Verba

하바롭스크에서 가장 번화한 거리 무라비예바-아무르스코고에서 200미터 떨어진 곳에 위치해 있다. 아무르 강가나 공원과도 가깝고 한적하다. 모던 인테리어에 객실 컨디션도 좋고 스태프들도 친절하다. 호텔 스파에는 러시아식 사우나를 비롯해 핀란드 사우나, 터키탕이 있고, 다양한 마사지 프로그램도 운영한다.

주소 Ulitsa Istomina, 56 A, Khabarovsk
위치 콤소몰 광장에서 도보 6분 요금 더블룸 4,500RUB~
전화 (4212) 755-552 홈피 www.verba-hotel.ru

GPS 48.476059, 135.058968

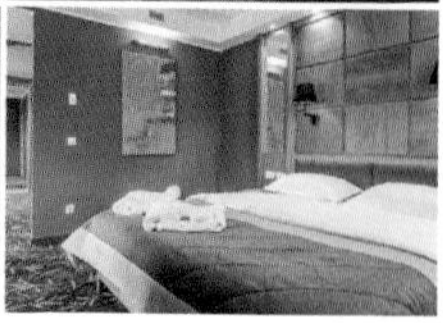

Stay : 3성급

❸

오로라 호텔 Aurora Hotel

가성비 좋은 3성급 호텔이다. 객실 여유만 있다면 얼리체크인이 가능해 밤 열차로 블라디보스토크에 도착하는 한국 여행객들이 주목하는 곳이다. 호텔 지척에 대형마트 삼베리가 있어 편리하고, 호텔 앞에서 한 번에 버스로 공항(약 30분), 기차역(약 7분), 시내 중심지(약 15분)까지 갈 수 있다.

주소 Ulitsa Leningradskaya, 18, Khabarovsk
위치 기차역에서 나와 왼쪽 큰길로 2km. 택시나 버스 이용
요금 더블룸 3,000RUB~
전화 (4212) 381-901
홈피 www.avroradv.ru

GPS 48.482924, 135.095526

Stay : 4성급

4

부티크 호텔 하바롭스크 시티 Boutique Hotel Khabarovsk City

무라비예바-아무르스코고 거리와 공원, 어디로든 5분 거리에 위치해 관광지나 레스토랑 어디를 가든 편리하다. '부티크 호텔'답게 깔끔한 인테리어가 특징. 쾌적한 객실과 친절한 직원, 괜찮은 조식, 가격 등 어느 면으로 보나 합격점을 받는 곳이다.

주소 ul. Istomina, 64, Khabarovsk
위치 하바롭스크 향토박물관에서 도보 10분
요금 트윈룸 5,000RUB~
전화 (4212) 767-676
홈피 www.boutique-hotel.ru
GPS 48.476552, 135.058427

Stay : 3성급

5

아스티 호텔 Asti Hotel

중앙시장 근처에 위치한 호텔이다. 주택가에 있어 한적하고 현지인들의 생활상을 볼 수 있어 색다른 경험이 될 수 있다. 객실도 깔끔하고 쾌적하며 직원들도 친절하다. 가성비 높은 호텔로 볼 수 있다.

주소 ul. Kim Yu Chena, 43, Khabarovsk
위치 중앙시장에서 도보 5분
요금 트윈룸 3,000RUB~
전화 (4212) 209-887
홈피 www.astihotel.ru
GPS 48.487031, 135.072429

Stay : 3성급

6

호텔 에니그마 Hotel Enigma

하바롭스크 기차역 옆에 위치해 시베리아 횡단열차를 이용하는 관광객들에게 유리하다. 아무르 강과 주요 관광지까지는 버스를 타야 하지만 한 번에 연결된다(약 15분 소요). 호텔 주변에 슈퍼마켓과 이동통신사 등 관광객들에게 꼭 필요한 시설들이 있어 편리하다.

주소 ul. Leningradskaya, 73a, Khabarovsk
위치 하바롭스크 기차역에서 나와서 왼쪽으로 도보 3분
요금 트윈룸 3,500RUB~
전화 (4212) 643-000
홈피 www.enigma-hotel.ru
GPS 48.495133, 135.076443

Stay
7
발렌시아 미니 호텔 Valencia Mini Hotel

호스텔은 싫지만, 예산을 아끼고 싶은 배낭여행객들에게 적합한 곳이다. 공동욕실을 사용해야 하지만, 필요한 시설을 잘 갖춘 깨끗한 객실이 강점이다. 하바롭스크 기차역에서는 멀고 관광지에서는 가까운 편. 처음에 숙소 찾아가는 법이 쉽지 않으므로 미리 확인해둬야 한다.

주소 ul. Dzerzhinskogo, 21A, к .2, Khabarovsk
위치 하바롭스크 기차역에서는 버스 1번 탑승, 아무르 강변까지는 도보 20분
요금 트윈룸 1,900RUB
전화 914-172-7262
GPS 48.472889, 135.070827

Stay
8
카카두 호스텔 Kakadu Hostel

직원 친절도와 청결도가 압도적으로 좋은 평가를 받는 곳이다. 단, 관광지나 하바롭스크 기차역 어디를 가든 도보로는 힘들다. 위치보다는 쾌적한 시설과 따뜻한 분위기를 선호하는 사람들에게 적합하다.

주소 ul. Sheronova, 10, Khabarovsk
위치 구세주 변모 대성당에서 3km
요금 도미토리 650RUB, 트윈룸(공동욕실) 1,600RUB~
전화 (4212) 788-095
홈피 www.kakaduhostel.ru
GPS 48.468875, 135.085077

Stay
9
호스텔 U 보크자라 브랜슨 Hostel U Vokzala Brandson

하바롭스크 기차역 지척에 위치해 시베리아 횡단열차를 탑승하는 배낭여행객들에게 적합한 곳이다. 특히 야간열차를 이용할 경우, 기차 시간까지 짐을 맡아주고 거실 이용도 가능하다는 점 역시 큰 장점. 시설도 깨끗하고 침대도 편안하다.

주소 ul. Leningradskaya, 89, Khabarovsk
위치 하바롭스크 기차역에서 도보 3분
요금 도미토리 665RUB~
전화 909-822-3434
GPS 48.496512, 135.070113

Special Tip

똑똑하게 이용하는 에어비앤비

airbnb

에어비앤비Airbnb는 공식 등록 숙박업소가 아닌 일반 현지인의 집이나 방을 일정 기간 빌릴 수 있는 웹사이트다. 러시아의 경우, 숙박시설이 낙후돼 있고 주말이나 여름 최성수기에는 숙소 잡기가 어려우며, 저렴하게 구입한 해산물을 직접 조리해 먹기 원하는 사람들이 늘어나면서 에어비앤비를 이용하려는 여행객들은 점차 늘어나는 추세다.

홈피 www.airbnb.co,kr

장점

① 내 집처럼 편안하게

숙소 형태는 기본적으로 일반 가정집(아파트)이다. 집 전체를 빌려주기 때문에, 우리만의 독립된 공간이 확실하게 보장된다. 특히 주방 시설이 잘 갖춰져 있어, 각종 해산물 등을 저렴하게 구입해 직접 요리를 해먹을 수 있다.

② 좋은 조건에 저렴하기까지

신축 호텔이 많지 않아 객실 컨디션이 좋지 않은 러시아의 호텔들과 달리, 내 집처럼 쾌적하고 깔끔하게 관리되는 곳이 많다. 특히 2인 이상 여행 시 호텔보다 경비 절약에도 큰 도움이 된다.

단점

① 일방적 예약 취소 및 추가 요금 발생

오버부킹이나 커뮤니케이션 부재로 일방적인 예약 취소 통보를 받거나 시설물 파손 및 분실로 추가 요금이 발생하는 일이 종종 있다. 공지된 금액 외 청소비와 에어비앤비 수수료가 따로 부가되며, 예약 취소 시 환불이 거의 불가능하다.

② 문제 해결은 내 손으로

에어비앤비는 숙박 사이트일 뿐이다. 집주인과의 문제 발생 시 중재 역할은 하지만 매우 제한적이므로 거의 모든 문제는 직접 해결해야 한다. 7일 이상 머물 경우, 호스트에게 거주지 등록도 요청해야 한다.

이용 시 주의사항

1 한국인 이용자 후기를 꼼꼼하게 읽어보고, 한국인들이 많이 이용하고 추천하는 '슈퍼호스트'의 집을 선택하는 것이 좋다.

2 예약 및 취소, 요금 관련 규정들을 꼭 살피고 신중하게 예약한다.

3 최초 가입자에 한해 할인코드를 입력하면 최대 5만 원까지 절약할 수 있다. 자세한 이용법은 인터넷에서 '에어비앤비 할인코드 5만 원'으로 검색하면 찾을 수 있다.

4 주소와 구글 맵스만으로 숙소를 찾기 어려울 때가 있다. 아파트의 정확한 동과 층수, 현관문 비밀번호와 같은 세세한 것까지 자세하게 확인하는 것이 좋다.

5 체크인과 체크아웃 시 숙소 상태를 꼼꼼하게 체크하고 문제점은 사진을 찍거나 동영상을 촬영해 두고, 즉시 호스트에게 알린다.

chapter 3

이르쿠츠크

Irkutsk | Иркутск

Information

바이칼 호수와 역사 건축물들의 향연 이르쿠츠크

'시베리아의 푸른 눈'이라 불리는 바이칼 호수는 가혹하리만큼 황량한 시베리아 오지를 반짝반짝 빛나게 만드는 진정한 '시베리아의 진주'다. 약 2천 5백만 년 전에 탄생한 **바이칼 호수**는 세상에서 가장 오래된 호수이자 가장 깊고 깨끗한 호수로, 유네스코 세계자연유산에 등재돼 있다. 세계에서 일곱 번째로 넓은 호수로 지상의 물 4분의 1가량을 함유하고 있는데, 아직도 개발의 손이 크게 닿지 않아 원시 자연의 아름다움을 느낄 수 있다. 바이칼 호수는 몽골 계통의 히나인 부랴트Buryat족의 고향이라고도 할 수 있다. '바이칼'은 부랴트어로 '풍요로운 호수' 혹은 '샤먼의 호수'라는 뜻이다. 이들에게 바이칼 호수는 신비로운 생명의 힘이 솟아나는 곳으로, 샤먼들은 바이칼의 섬들 중 가장 큰 **알혼 섬**Ольхон에 들어가 샤먼 의식을 거행하며 신비의 기운을 받았고, 그 흔적은 아직까지 알혼 섬에 남아 이르쿠츠크의 대표 관광지가 되었다. 이르쿠츠크에는 바이칼 호수만 있는 것이 아니다. 폐쇄된 시베리아 횡단 열차 선로를 따라 재개된 **환 바이칼 열차**는 바이칼 호수의 자연과 그 일대에 살고 있는 현지인들의 삶을 들여다볼 수 있는 즐거움을 선사한다. 또한 이르쿠츠크를 일명 '시베리아의 파리'로 불리게 만든 예쁜 러시아 전통 목조건물들과 서유럽의 건축미를 보여주는 역사적 건물들 역시 이르쿠츠크를 사랑스럽게 만들어준다.

Check

이르쿠츠크에서 꼭 해야 할 일

- ☐ 바이칼 호수 보러 가기(알혼 섬, 리스트비얀카, 환 바이칼 열차 타기)
- ☐ 이르쿠츠크의 역사를 만든 데카브리스트들의 저택 방문하기
- ☐ 러시아의 전통 목조건물 앞에서 사진 찍어보기
- ☐ 바이칼 호수에서 나는 민물고기, 오물Omul 먹어보기

1. 드나들기

비행기

인천에서 출발하는 직항편으로는 대한항공과 시베리아 항공(S7)이 있지만, 대한항공의 경우 동절기에는 운항하지 않는다. 그 외에는 하바롭스크를 거쳐 들어가는 환승편을 이용해야 한다. 이르쿠츠크는 러시아 내 주요 관광도시들과 국내선으로 연결돼 있지만 상트페테르부르크의 경우, 여름 성수기 외에는 반드시 모스크바를 경유해야 한다.

1번 트램(기차역-시내)

기차

모스크바(75시간 이상 소요), 하바롭스크(60시간 이상 소요) 등 주요 관광도시에서 시베리아 횡단열차를 이용하면 된다. 이르쿠츠크 기차역에서 시내까지는 **트램 1, 2번**을 이용(기차역을 등지고 오른편이 시내 방향)하면 되며 15분가량 소요된다.

막심 택시

2. 공항에서 시내로 이동하기

국제선에서 나와 바로 앞에 있는 주차장을 가로지르면 버스 정류장이 있다. **버스 3, 80, 90, 480번, 트롤리 버스 4번** 등이 시내로 향하며(약 20분 소요), 늦은 밤에는 운행하지 않는다. 청사 출입구에는 사설택시 기사들이 호객행위를 한다. 영어가 통하지 않고 바가지가 심하기 때문에(1,000루블 이상, 부르는 게 값이다), 스마트폰 애플리케이션을 통해 **막심 택시**(300루블 전후)를 이용하는 것이 좋다.

Tip 1

이르쿠츠크 공항시설

이르쿠츠크 국제공항은 국제선과 국내선 청사로 나눠져 있다. 건물을 등지고 오른쪽이 국제선, 왼쪽이 국내선 전용이며 도보 5분 내로 상호이동이 가능하다. 19세기 후반 양식의 국제선 청사에는 작은 기념품 숍과 카페, ATM(환전소 없음), 유심 칩 판매소 등이 있다. 현대식 건물의 국내선은 24시간 운영되며 카페, 서브웨이, 짐 보관소, 기념품 숍, 투어리스트 인포메이션 센터 등 각종 편의시설이 잘 갖춰져 있다. 2층으로 올라가면 휴게의자도 많아, 국제선 이용자도 대기시간이 긴 경우 국내선 청사를 이용하면 좋다.

이르쿠츠크 공항(국내선)

이르쿠츠크 공항(국내선)

3. 시내에서 이동하기

> **Tip 2**
> **스마트폰 애플리케이션만 있으면 어디든 내 맘대로!**
> 구글 맵스나 2GIS 맵(오프라인 사용 가능, 단 사전에 해당 도시 지도를 다운받아야 한다)을 이용하면 현재 위치에서 목적지까지 대중교통 수단과 노선 번호, 승하차 정류소, 소요시간 등 모든 정보를 얻을 수 있다. 러시아어 한마디 못해도 헤맬 걱정이 전혀 없다.

버스

러시아에서 일반버스는 뒷문으로 타고, 하차 전 기사에게 요금을 지불한 후 앞문으로 내린다. 16인승 미니버스(흔히 마슈르트카Marshrutka라고 부른다)도 많다. 1회 15루블, 환승 안 됨.

트램

이르쿠츠크 기차역과 시내를 오갈 때 주로 이용한다. 탑승 후 검표원에게 요금(15루블, 환승 안 됨)을 지불하면 영수증을 끊어준다. 트램 정류장은 레일 위, 전선 아래 T자와 승하차 노선 번호가 석혀져 있는 곳으로, 정류장에 따라서 도로 중간에 승하차하는 경우도 있다.

트롤리 버스

버스와 트램을 결합한 형태로, 생김새는 버스이지만, 지붕 위로는 트램처럼 전선이 연결돼 있다. 일반버스처럼 뒷문으로 타 앞문으로 내리기 전 기사에게 요금을 지불한다. 1회 15루블, 환승 안 됨.

버스

버스 표지판

트램 정류장 표지판
& 트램 정류장 표시

4. 기타 정보

이르쿠츠크 투어리스트 인포메이션 센터

Irkutsk Tourist Information Centre

이르쿠츠크와 바이칼 지역 여행에 필요한 모든 정보(알혼 섬 및 리스트비얀카행 버스 정보, 환 바이칼 열차 정보, 이르쿠츠크 시내 지도 등)를 얻을 수 있는 데다가 영어에 능숙한 직원이 상주하고 있기 때문에 큰 도움이 된다. 휴게소 운영, 당일 짐 보관, 기념품 판매 등 각종 서비스를 제공한다. 근처에 유럽 하우스, 볼콘스키의 저택–박물관Volkonsky Manor House-Museum이 있으며, 중앙시장, 공영 시외버스 터미널 등에서 도보 10분 거리에 위치해 있다. 기차역과 키로프 광장Kirov Square에도 분점이 있다.

주소 ul. Dekabrskikh Sobytiy, 77B, Irkutsk
위치 트램 1, 2, 4번 등
운영 월~금 09:00~18:00 (5~9월에는 토 · 일요일에도 운영)
홈피 www.irkvisit.info

환전

달러나 유로를 은행에서 환전한다(사설 환전소 없음). 보통 스베르방크 Sberbank, Сбербанк를 많이 이용하며 오전 9시부터 오후 7시까지 문을 연다(매장에 따라서 주말에도 영업을 한다). 환율이 좋은 편은 아니므로, 시내 곳곳에 있는 24시간 스베르방크 ATM 기계에서 국제 체크카드를 이용해 직접 루블을 인출하는 것도 나쁘지 않다. 이르쿠츠크 국제공항에는 환전소가 없고 ATM 기계만 있으므로, 한국에서 소량의 루블을 환전해 가거나 체크카드로 루블을 뽑아 써야 한다.

유심 칩

공항 국제선 청사(Beeline)와 국내선 청사(MTC)에 유심 칩 판매소가 있지만, 늦은 밤까지 영업하지 않을 때가 많다. 이때에는 130지구의 모드느이 크바르탈Modnyy Kvartal 쇼핑몰이나 시내 곳곳에 위치한 통신사 매장을 이용한다. 유심 칩을 구입할 때는 반드시 여권이 필요하며, 사용기간과 사용지역(이르쿠츠크 혹은 러시아 전역), 데이터 용량에 따라 요금이 달라진다. 최소 150루블 이상이며 매장에 따라 요금차가 크다. 요금제와 상관없이 유심 칩 가격을 따로 요구하는 곳도 있다.

이르쿠츠크 평균 기온과 옷차림

	1월	2월	3월	4월	5월	6월	7월	8월	9월	10월	11월	12월
최고기온(℃)	−13.5	−10	0.6	8	17	22.6	24	21.6	15.5	7	3.3	−11
최저기온(℃)	−23	−22	−13.4	−4	2.6	8.4	12	10	3.6	−3.5	−13	−20
비/눈(일)	4	3	3	5	7	8	11	10	8	6	6	5

이르쿠츠크는 5월부터 9월까지 관광객들이 주로 찾지만, 그중에서도 7 · 8월에 집중돼 있다. 바이칼 호수 인근은 여름에도 아침저녁으로는 선선하고, 비가 내리면 기온이 뚝 떨어진다. 6 · 9월에도 쌀쌀한 날이 많기 때문에 얇은 패딩 같은 보온용 옷은 꼭 필요하다. 겨울에는 영하 20℃까지 내려가고 바람이 세기 때문에 모자와 목도리, 장갑은 필수다.

Tip 3

긴급연락처

이르쿠츠크 한국 영사관

주소 3F, Gagarina Bulvar, 44, Irkutsk

전화 3952-250-301

경찰

전화 102(스마트폰 국번 없이)

이르쿠츠크 국립병원

전화 3952-4078-94

Information

5. 일정

이르쿠츠크의 볼거리는 크게 이르쿠츠크 시내와 알혼 섬, 리스트비얀카로 나뉜다. 알혼 섬만 최소 3일, 리스트비얀카 1일 이상, 환 바이칼 열차 1일 이상이 필요하기 때문에 이르쿠츠크의 하이라이트를 빠짐없이 돌아보려면 일주일 이상 소요된다. 이르쿠츠크 시내를 중심으로 일정을 잡는다면 다음과 같다. 알혼 섬을 포함한 본격적인 이르쿠츠크 여행은 p.200 일정을 참조하면 된다.

1일

- 늦은 밤 도착, 숙소 체크인
- 저녁식사 및 휴식

2일

- **유럽 하우스** (이르쿠츠크 투어리스트 인포메이션 센터) p.176
- **볼콘스키의 저택–박물관** p.174
- **카잔의 성모 성당** p.177
- 트루베츠코이의 저택–박물관 p.175
- 칼 마르크스 거리에서 점심식사
- 키로프 광장 p.185
- 구세주(스파스카야) 성당 p.171
- 제2차 세계대전 추모단지 p.172
- **그리스도 공현 대성당** p.172
- 앙가라 강변 산책로(일몰) p.173
- **130지구**에서 저녁식사 p.178

3일

- 리스트비얀카행 버스 탑승
- **바이칼 해양박물관** p.208
- **체르스키 전망대** p.208
- 바이칼 생선시장 늦은 점심식사 p.209
- 보트 투어 혹은 이르쿠츠크로 돌아오는 길에 **딸찌 목조박물관** 방문 p.181

4일

- 관심 있는 관광지 추가방문 혹은 쇼핑
- 출국

이르쿠츠크 주

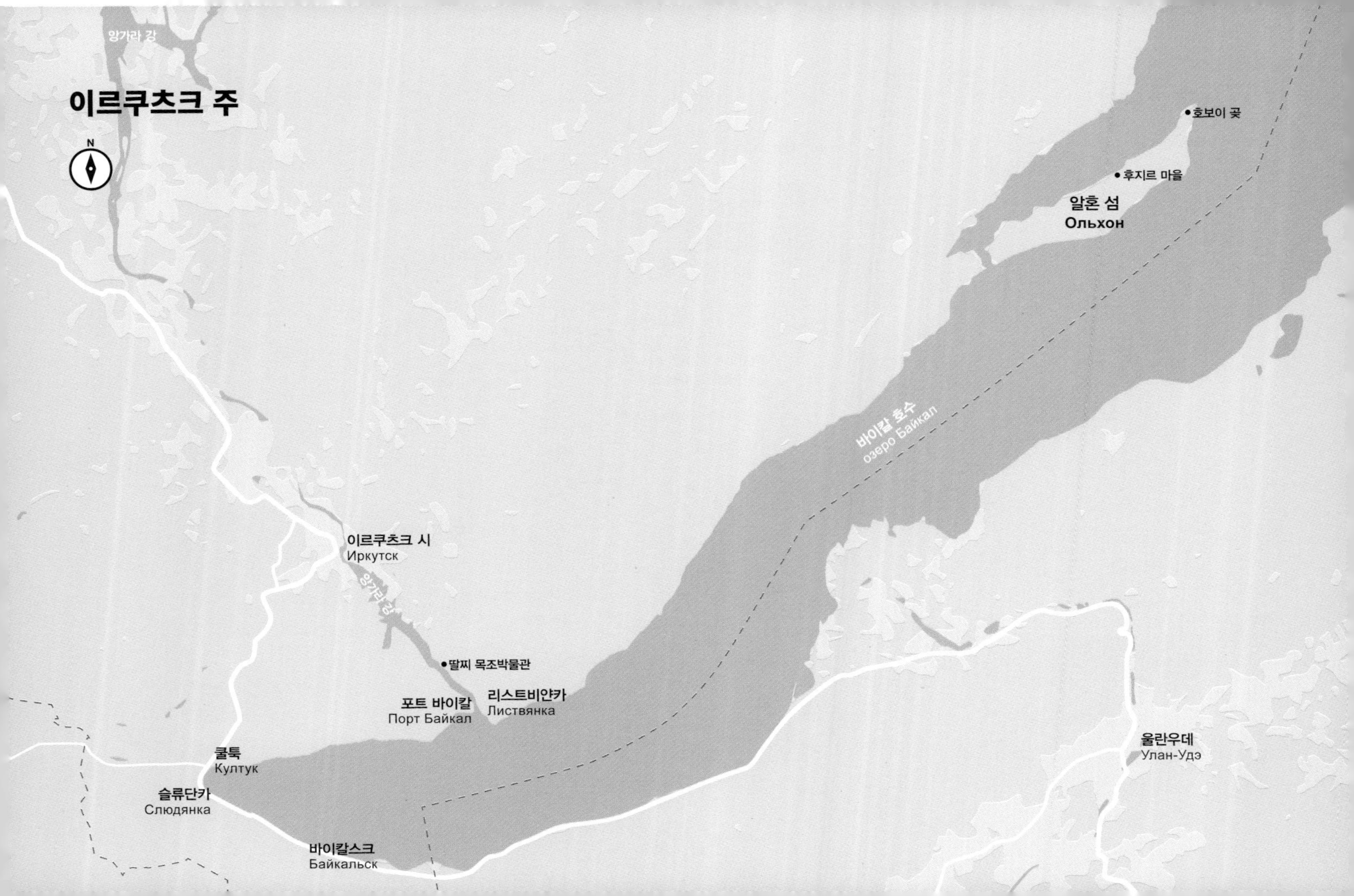
앙가라 강
N
호보이 곶
후지르 마을
알혼 섬
Ольхон
바이칼 호수
озеро Байкал
이르쿠츠크 시
Иркутск
앙가라 강
딸찌 목조박물관
포트 바이칼
Порт Байкал
리스트비얀카
Листвянка
쿨툭
Култук
슬류단카
Слюдянка
바이칼스크
Байкальск
울란우데
Улан-Удэ

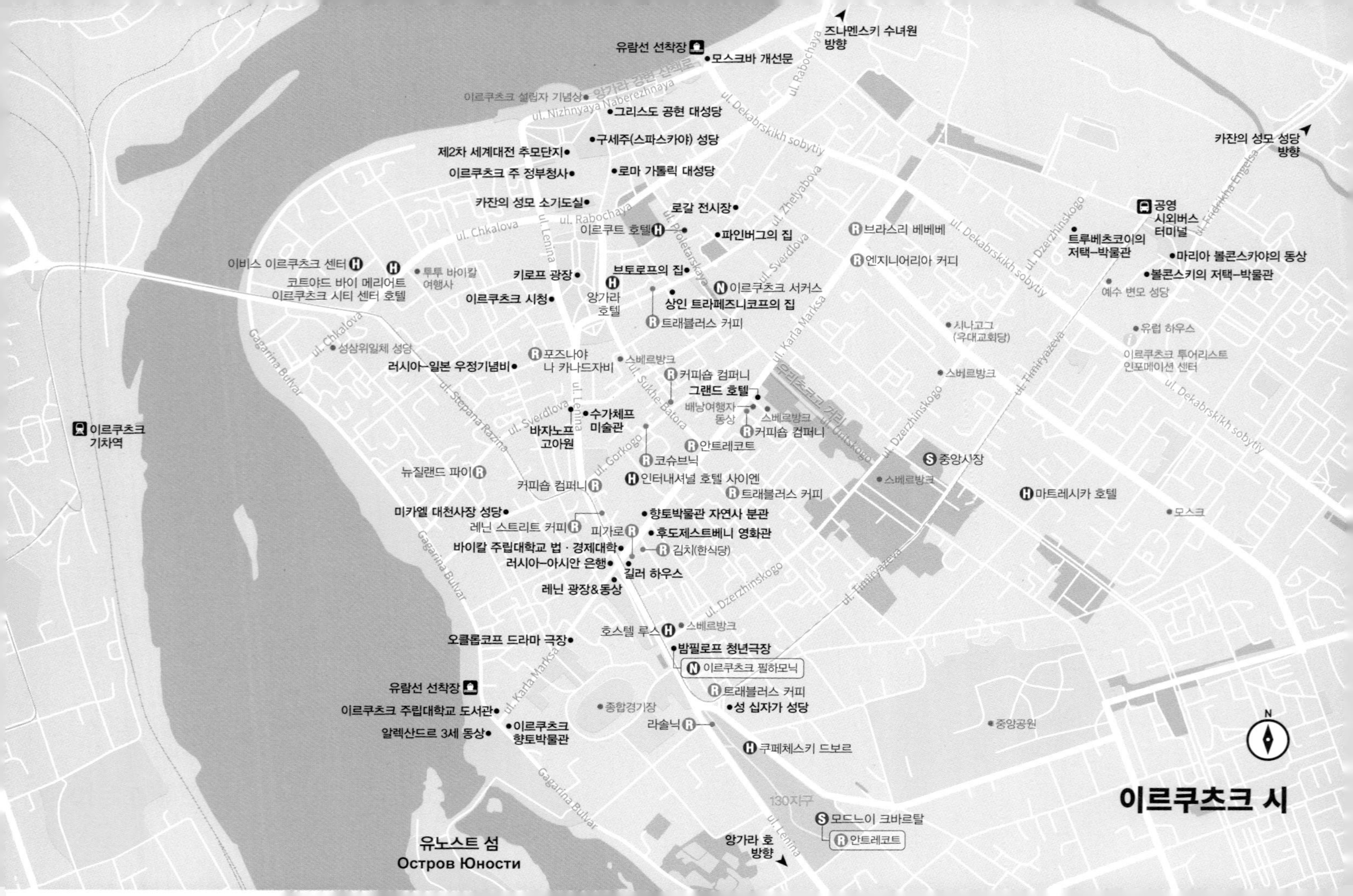
이르쿠츠크 시
N
유람선 선착장
모스크바 개선문
즈나멘스키 수녀원 방향
이르쿠츠크 설립자 기념상
앙가라 강변 산책로
ul. Nizhnyaya Naberezhnaya
그리스도 공현 대성당
구세주(스파스카야) 성당
제2차 세계대전 추모단지
이르쿠츠크 주 정부청사
로마 가톨릭 대성당
카잔의 성모 소기도실
로갈 전시장
이르쿠트 호텔
파인버그의 집
이비스 이르쿠츠크 센터
코트야드 바이 메리어트 이르쿠츠크 시티 센터 호텔
투루 바이칼 여행사
키로프 광장
브트로프의 집
이르쿠츠크 서커스
앙가라 호텔
이르쿠츠크 시청
상인 트라페즈니코프의 집
트래블러스 커피
성삼위일체 성당
러시아-일본 우정기념비
포즈나야 나 카나드자비
스베르방크
커피숍 컴퍼니
그랜드 호텔
배낭여행자 동상
수가체프 미술관
바자노프 고아원
안트레코트
코슈브닉
이르쿠츠크 기차역
뉴질랜드 파이
커피숍 컴퍼니
인터내셔널 호텔 사이엔
트래블러스 커피
미카엘 대천사장 성당
향토박물관 자연사 분관
레닌 스트리트 커피
피가로
후도제스트베니 영화관
바이칼 주립대학교 법 · 경제대학
김치(한식당)
러시아-아시안 은행
길러 하우스
레닌 광장&동상
호스텔 루스
스베르방크
오클롭코프 드라마 극장
밤필로프 청년극장
이르쿠츠크 필하모닉
유람선 선착장
트래블러스 커피
종합경기장
이르쿠츠크 주립대학교 도서관
성 십자가 성당
이르쿠츠크 향토박물관
알렉산드르 3세 동상
라솔닉
쿠페체스키 드보르
130지구
모드느이 크바르탈
안트레코트
앙가라 호 방향
유노스트 섬
Остров Юности
카잔의 성모 성당 방향
공영 시외버스 터미널
트루베츠코이의 저택-박물관
마리아 볼콘스카야의 동상
볼콘스키의 저택-박물관
예수 변모 성당
브라스리 베베베
엔지니어리아 커피
시나고그 (유대교회당)
유럽 하우스
이르쿠츠크 투어리스트 인포메이션 센터
스베르방크
우리츠코고 거리
중앙시장
스베르방크
마트레시카 호텔
모스크
중앙공원
ul. Rabochaya
ul. Dekabrskikh sobytiy
ul. Zhelyabova
ul. Chkalova
ul. Lenina
ul. Proletarskaya
ul. Sverdlova
ul. Karla Marksa
ul. Sukhe-Batora
ul. Uritskogo
ul. Dzerzhinskogo
ul. Timiryazeva
ul. Fridrikha Engelsa
ul. Stepana Razina
ul. Gorkogo
Gagarina Bulvar

Sightseeing ★★☆

1

구세주(스파스카야) 성당 Church of the Savior(Spasskaya) | Спасская Церков

1710년 세워진 성당으로 극동지역 최초의 석조건물로 기록돼 있다. 성당은 거대한 배 형태를 띠고 있는데, 이는 러시아 동부지역 탐험(개척)의 중요성을 강조하는 동시에 '삶이라는 바다 한가운데 구조선 역할을 하는 교회'를 상징적으로 표현한 것이다. 이곳은 벽화 성당이라고도 불리는데, 외부에 그려진 프레스코화는 1980년 건축가 오란스카야의 작품으로, 예수의 세례 장면을 중심으로 3개의 예화가 그려져 있다. 구세주 성당 뒤편에 있는 **소기도실**Chapel(마치 정자처럼 보인다)은 이르쿠츠크 도시 건설 350주년을 기념해 건축한 것으로, 이르쿠츠크 요새의 옛 모습과 '이르쿠츠크의 설립자들께 바친다'는 글귀가 새겨진 비석이 세워져 있다. 기도실 3미터 아래에는 2011년 구세주 성당의 보수공사 중 발견된 이르쿠츠크 초기 정착자들의 유해가 안장돼 있다. 성당 입구 왼쪽에 위치해 있는 **성 페터와 페브로니아 동상** 역시 도시 건설 350주년 기념으로 제작된 것이다. 이들은 러시아 정교회에서 가족과 결혼의 수호성인으로 지정돼 있으며, 전통적으로 결혼예식을 마친 신랑신부는 이들의 성화 앞에서 기도를 올리곤 한다.

주소 ul. Sukhe-Batora, 2, Irkutsk

위치 키로프 광장에서 도보 5분.
그리스도 공현 대성당 길 건너편 위치

GPS 52.291201, 104.281254

성 페터와 페브로니아의 동상

소기도실

프레스코화가 있는 성당 뒤쪽

이르쿠츠크 요새의 옛 모습

Sightseeing ★★☆

❷

제2차 세계대전 추모단지 Memorial Complex Irkutsk Residents in the Patriotic War of 1941-1945 Мемориальный комплекс Иркутские жители в Отечественной войне 1941-1945 годов

제2차 세계대전에서 전사한 5만 명의 이르쿠츠크 병사들을 추모하는 뜻에서 1975년 건립되었다. 이르쿠츠크 주 정부청사 뒷벽에 세워진 추모의 벽에는 전투에서 혁혁한 공을 세운 영웅 37명의 이름도 새겨져 있다. 벽 앞에는 꺼지지 않는 불꽃이 타오르고 있다. 이 불씨는 모스크바 크렘린 벽 아래 있는 무명용사의 무덤에서 가져온 것이다.

위치 키로프 광장에서 도보 5분, 구세주 성당 앞

GPS 52.290989, 104.280220

꺼지지 않는 불꽃

Sightseeing ★★★

❸

그리스도 공현 대성당 Cathedral of The Epiphany | Собор Богоявления

1693년에는 목조로 건축되었으나 1716년 대화재로 소실되었고, 지금의 석조건물로 재건축된 것은 30년 후인 1746년 일이다. 주현절(예수가 세례를 받고 공생애를 시작한 날)에 바쳐져 '그리스도 공현 대성당Epiphany'이라는 이름이 붙었다. 주현절의 절기 색인 흰색(순결, 완전함, 거룩함 등을 상징) 바탕에 전통민속 예술 요소들을 건물 장식에 사용해 주목을 끈다. 또한 이르쿠츠크의 여느 성당들보다도 화려한 이코노스타시스Iconostasis와 내부 벽화는 큰 볼거리가 된다.

주소 ul. Sukhe-Batora, 1A, Irkutsk

위치 앙가라 강변 산책로 맞은편, 키로프 광장에서 도보 8분

GPS 52.292310, 104.282659

Sightseeing ★★☆

4

앙가라 강변 산책로 Angara Lower River Embankment

제2차 세계대전 추모단지를 등지고 앙가라 강쪽으로 나오면 다리 건너 강변 산책로와 연결된다. 탁 트인 강변의 전망도 좋고 강바람도 부는 데다가 해 질 녘 일몰도 아름답다. 이곳에는 2011년 9월 14일 도시 탄생 350주년을 기념해 시베리아 개척자 코사크인의 모습을 한 **이르쿠츠크 설립자 기념상**이 서 있다. 산책로를 따라 북쪽으로 올라가면 모스크바 개선문이 나온다.

주소 ul. Nizhnyaya, Naberezhnaya, Irkutsk

위치 제2차 세계대전 추모단지에서 도보 5분

GPS 52.293705, 104.286100

Tip 앙가라 강 유람선

모스크바 개선문 부두에서 출발해 약 30분 정도 앙가라 강변을 유람하고 출발점으로 되돌아온다. 오후에만 운행하며 출발시간은 자주 변동되므로, 홈페이지(www.vsrp.ru/en)나 현지에서 재확인은 필수다. 요금은 200루블이며, 탑승 후 지불하면 된다.

Sightseeing ★★☆

5

즈나멘스키 수녀원 Znamensky Nunnery | Знаменский Женский Монастырь

17세기 말, 선교를 강조한 표트르 대제의 명에 따라 문을 연 수녀원이다. 이때 표트르 대제가 수여한 복음서가 보관돼 있다. 본당 주위에는 '데카브리스트의 난'을 일으킨 남편을 따라 유배지 시베리아로 온 트루베츠카야와 그녀의 아이들 묘지와 러시아령 알래스카를 발견해 '러시아의 콜럼버스'라 불리는 그레고리 셸리코프의 묘도 있다. 수녀원 앞에는 영화 〈제독의 연인〉 주인공 콜착 제독 동상이 있다. 콜착 제독은 볼셰비키 혁명세력과 맞서 싸우다 이곳에서 처형 당했다.

주소 ul. Angarskaya, 14, Irkutsk

위치 레닌 거리에서 트롤리 버스 3번 혹은 56, 67번 버스 등 (모스크바 개선문에서 도보 25분)

GPS 52.300852, 104.294954

콜착 제독 동상

Sightseeing ★★★

6

볼콘스키의 저택-박물관 Volkonsky Manor House-Museum | Музей Усадьба Волконских

1838년 우릭Uric 마을에 처음 건축된 목조건물로, 1847년 현재의 위치로 옮겨졌다. 데카브리스트의 난을 일으켜 이르쿠츠크로 유배 온 볼콘스키가 1856년까지 이곳에 살았다(볼콘스키는 톨스토이의 친척으로, 소설『전쟁과 평화』에 나오는 안드레이 볼콘스키의 모델이기도 하다). 당시 이곳은 이르쿠츠크 사회와 문화의 중심이 되었고, 무도회 및 소규모 가족극, 음악회 등이 거행되었다. 1985년 박물관으로 재단장해 대중에게 공개되었으며, 볼콘스키가 살던 시대의 내부 모습과 당시 가구 및 생활용품들을 둘러볼 수 있다. 정원은 무료로 개방하고 있는데, 6~9월에는 꽃이 화사하게 펴 사진 찍기 더없이 좋다. 저택을 나와 북쪽 길을 3분쯤 따라가면 볼콘스키의 아내 마리아 볼콘스카야의 동상이 서 있는 공원이 나온다. 남편을 따라 시베리아에 온 데카브리스트의 아내들 11명을 기념하는 곳으로, 이들 중 7명은 남편이 있는 수용소까지 동행했다고 한다. 처음 남편을 따라온 데카브리스트의 아내는 트루베츠코이Trubetskoy의 아내 예카테리나 트루베츠카야이며, 그녀는 평생 이르쿠츠크에 살다 즈나멘스키 수녀원에 안장되었다.

주소 per. Volkonskogo, 10, Irkutsk
위치 공영 시외버스 터미널, 투어리스트 인포메이션 센터에서 도보 5분
운영 화~일 10:00~18:00
휴무 월요일
요금 성인 200RUB, **트루베츠코이 저택 통합권** 300RUB
GPS 52.287582, 104.304746

Sightseeing ★★★

7

트루베츠코이의 저택-박물관 Trubetskoy House-Museum | Дом Усадьба Трубецких

19세기 중반에 건축된 것으로, 데카브리스트 중 한 명인 트루베츠코이의 가족이 살았던 곳이다. 세월의 흔적이 전혀 느껴지지 않는 것은 2차례에 걸친 재건공사 때문(1차 공사는 불과 2011년에 끝났다). 역사의 흔적을 찾고 싶은 사람들에게 살짝 실망감을 안겨줄 수도 있지만, 이곳의 진가는 지하 1층에 있는 데카브리스트 박물관에 있다. 집 크기만큼 규모는 매우 작지만, 시베리아로 추방당해 수용소 생활을 해야 했던 초기 데카브리스트의 열악한 삶의 모습들을 시청각 자료를 통해 잘 소개해 놓고 있다. 그 외 트루베츠코이 가족들이 사용했던 가구들과 생활용품도 볼 수 있다.

주소 ul. Dzerzhinskogo, 64, Irkutsk
위치 볼콘스키의 저택-박물관에서 도보 7분
운영 화~일 10:00~18:00
휴무 월요일
요금 성인 200RUB, **볼콘스키 저택 통합권** 300RUB

GPS 52.288923, 104.301862

More&More

데카브리스트Dekabrist란?

나폴레옹 전쟁 당시 서유럽의 자유주의 사상을 접하게 된 러시아 제국의 젊은 귀족 장교들이 러시아의 전제군주제에 반대하여 1825년 일으킨 거사를 '데카브리스트의 난'이라 한다. 데카브리스트는 러시아어로 '12월'을 뜻한다. 혁명이 있던 12월 14일, 상트페테르부르크의 원로원 광장에서는 니콜라이 1세에 대한 충성맹세식이 거행되었는데 이를 거부하고 반란을 계획한 데카브리스트들 약 600여 명은 그 자리에서 체포되고 그중 120여 명이 시베리아로 유배를 가게 된다. 유배생활 초기에는 치타Chita에 있는 수용소에서 가혹한 노동형을 견뎌내야 했다. 이후 이르쿠츠크에 정착하게 되면서 상트페테르부르크의 귀족 문화를 키워나갔고, 덕분에 이르쿠츠크는 '러시아의 파리'라는 별명을 얻게 되었다.

Sightseeing ★★★

8

유럽 하우스 House of Europe | Дом Европы

이르쿠츠크 목조건물의 하이라이트로, 1907년에 건축된 상인 샤스틴Shastin의 집이다. 처마와 창의 하얀 테두리 장식이 마치 레이스를 떠놓은 듯하다 하여 '레이스 하우스Lace House'라고도 불리는데, 감탄이 절로 나올 정도다! 이 집은 이르쿠츠크에 끼친 유럽 문화의 영향과 그 역사를 잘 반영하고 있어 현재 유네스코 세계문화유산 등재 대기 리스트에 올라가 있다. 화려함은 덜하지만, 전통 목조주택의 아름다움을 엿볼 수 있는 여러 채의 건물들이 같은 부지에 들어서 있고, 이들은 투어리스트 인포메이션 센터, 도시생활 박물관, 카페, 호텔 등으로 쓰이고 있다. 한쪽에는 **자매도시 공원**도 조성돼 있다.

주소 ul. Fridrikha Engelsa, 21, Irkutsk
위치 투어리스트 인포메이션 센터 옆, 공영 시외버스 터미널에서 도보 10분
GPS 52.286056, 104.303945

자매도시 공원

자매도시 공원

Sightseeing ★★★

9

카잔의 성모 성당 Church of the Kazan Icon of the Mother of God | Казанская церковь

금광업자이자 시베리아 탐험가로도 알려진 이르쿠츠크 태생의 A.M.시비리야코프의 후원으로 1892년에 건축된 성당이다. 러시아인들이 가장 성스럽게 모시는 카잔의 성모 성화의 영적 메시지를 구현하는 뜻에서 카잔 성당이라 불린다. 예배당 내벽은 프레스코화로 가득 차 있으며, 금박 장식의 화려한 이코노스타시스, 카잔의 성모 성화 등으로 볼거리가 많다. 이르쿠츠크에서 가장 예쁜(?) 외관을 자랑하는 만큼 관광객들의 필수 코스가 되었다.

주소 ul. Barrikad, 34/1, Irkutsk
위치 공영 시외버스 터미널에서 도보 15분, 중앙시장에서 트램 4번
GPS 52.292210, 104.316609

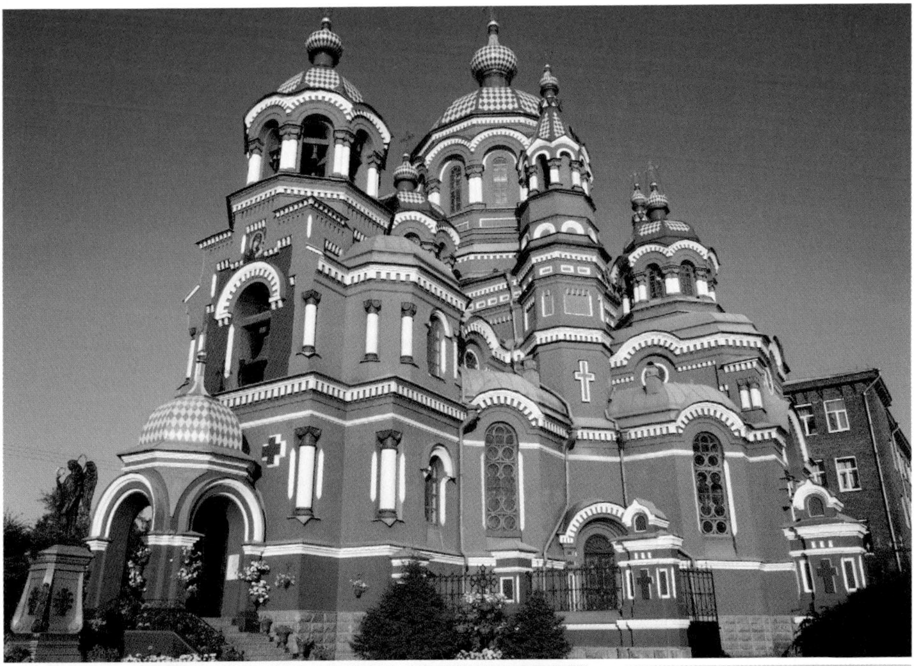

Sightseeing ★★★

⑩

130지구 130 Quarter | 130-й Квартал

오래전부터 이곳에 자리해 있던 전통 목조건물들을 보수 및 재건축하여 카페와 바, 레스토랑, 갤러리, 도서관, 박물관, 기념품 숍 등으로 꾸민 역사·문화적 공간이다. 예쁜 건물들 사이로 산책로도 잘 발달해 있고, 버스킹을 하는 젊은이들도 곳곳에 눈에 띈다. 길 끝에는 최신 유행을 따르는 쇼핑몰 **모드느이 크바르탈**Modnyy Kvartal이 자리해 있어 유심 칩 구입 및 식료품 구입이 가능하다. 130지구 입구에는 흑담비를 물고 있는 용맹한 **시베리아 호랑이 상 '바브르'**가 세워져 있다. 이는 1686년 이르쿠츠크를 상징하는 동상으로 사용되었으며, 이르쿠츠크 주의 문장에도 새겨져 지금에까지 이르고 있다.

주소 ul. Sedova, Irkutsk

위치 레닌 거리(동쪽 방향) 끝, 칼 마르크스 거리와 레닌 거리 교차점에서 도보 7분

운영 산책로 24시간 개방

GPS 52.275205, 104.287543

바브르 동상

Sightseeing ***

⓫

이르쿠츠크 향토박물관

Irkutsk Regional Local History Museum | Иркутский областной краеведческий музей

1782년에 설립돼 러시아에서 가장 오래된 박물관 중 하나로 알려져 있다. 하지만 1879년 대화재 이후 건물과 대부분의 소장품들이 소실되었다. 현재의 건물은 1883년 무어 양식(이슬람과 스페인 양식의 결합)으로 재건축되었고, 주 정부 및 독지가들의 후원을 통해 지금에 이르고 있다. 석기시대부터 현재에 이르기까지, 고고학 발굴품과 당시 거주민이었던 부랴트족(바이칼 호수 주변에 살고 있던 몽골족을 말한다. 이들의 문화는 이르쿠츠크의 지역문화에 큰 축을 차지한다)의 생활용품, 의상, 공예품, 샤머니즘의 주술용품 등이 1층에 전시돼 있다. 2층에서는 러시아 혁명기와 관련된 사진 및 문서자료들을 볼 수 있다. 매표소 앞에 위치한 기념품 판매대는 품질, 가격 모두 적절하고 제품도 다양한 편이다. 기념품 구입을 원하는 사람이라면 이곳에 주목해보자.

주소 ul. Karla Marksa, 2, Irkutsk
위치 레닌 동상(칼 마르크스 거리와 레닌 거리 교차점)에서 도보 7분
운영 화~일 10:00~18:00
휴무 월요일
요금 성인 200RUB, 카메라 촬영료 50RUB

GPS 52.275904, 104.278121

Sightseeing ★★☆

⑫

수가체프 미술관 Sukachev Art Museum | художественный музей им. В. П. Сукачева

1907년 건축돼 중등학교로 사용되다 1975년 수가체프 미술관으로 개관하였다. 미술관은 이르쿠츠크의 시장이자 독지가였던 V.P.수가체프의 개인 갤러리에서 시작되었다. 이후 규모를 늘려 현재 보유 작품은 2만여 점에 달한다. 18~19세기 성화, 장식 예술품, 무명의 독일 화가들과 러시아 화가들의 작품이 2층에, 중국 예술품이 1층 한쪽에 전시돼 있다. 전시 작품 수도 적고 수준도 높지 않다.

주소 ul. Lenina, 5, Irkutsk
위치 레닌 거리 내에 위치, 키로프 광장에서 도보 5분
운영 화~일 10:00~18:00
휴무 월요일
요금 150RUB
홈피 www.museum.irk.ru

GPS 52.283997, 104.281442

Sightseeing ★☆☆

⑬

앙가라 호 Icebreaker Angara | Ледокол Ангара

러시아에서 현재까지 보존하고 있는 쇄빙선 중 가장 오래된 것으로, 1898년 영국 선박회사 W.G.암스트롱에 제작 · 의뢰해 모든 부품을 뉴캐슬에서 가져온 뒤 리스트비얀카에서 조립 · 완성하였다. 1921년 앙가라 호는 바이칼 호수에서 운항을 시작하였고, 얼음을 깨며 승객과 화물들을 실어 날랐으며, 그 기능을 다한 현재는 선상박물관으로 꾸며져 이르쿠츠크의 앙가라 강변에 정박해 있다.

주소 pr. Marshala Zhukova, 36A, Irkutsk
위치 레닌 거리에서 트롤리 버스 3번
운영 화~일 10:00~18:00
휴무 월요일
요금 성인 150RUB, 어린이 70RUB

GPS 52.250156, 104.343973

Sightseeing ★★★

14

딸찌 목조박물관 Architectural-Ethnographical Museum 'Taltsy'

Иркутский архитектурно-этнографический музей «Тальцы

시베리아 지역의 목조건물을 모아놓은 대규모 야외박물관으로, 1980년에 처음 문을 열었다. 박물관의 탄생은 앙가라 강에 수력발전소를 건설하면서다. 3백여 년간 강변 일대에 자리해 있던 마을들이 한순간 수몰될 위험에 처하자, 1966년 역사적 보존 가치가 있는 목조건물들을 이곳으로 옮겨온 것이다. 18~20세기에 걸쳐 이 지역의 생활상을 보여주는 각종 건축물들(농가, 물방앗간, 학교, 교회, 탑, 관청 등) 내부는 당시 가구와 생활용품 등으로 꾸며 딱딱한 박물관이라기보다 흥미진진한 민속촌을 둘러보는 듯한 느낌이다. 빽빽이 들어선 자작나무들이 아름다운 산책로를 형성하고 있으며, 앙가라 강변 쪽으로는 피크닉 장소까지 갖추고 있어 날씨가 좋다면 도시락을 준비해 꼭 한번 방문해보자.

위치 이르쿠츠크 공영 시외버스 터미널이나 중앙시장에서 리스트비얀카행 버스를 타고 가다 딸찌 목조박물관 정류장에서 하차 (요금 100RUB 전후, 약 1시간 소요). 리스트비얀카에서는 이르쿠츠크행 버스를 타고 딸찌 목조박물관 정류장에서 하차하면 된다 (약 30분 소요, 요금 60RUB 전후).

운영 10:00~18:00(11~2월 ~17:00)

요금 성인 300RUB

GPS 51.995876, 104.663975

More&More

도보 관광은 내게 맡겨라! '그린 라인Green Line' 3시간 코스

약 5km에 이르는 거리(약 3시간 코스)에 30여 개의 관광지를 둘러볼 수 있는 도보 관광 코스다. 앙가라 강변에 위치한 알렉산드르 3세 동상에서 시작해 길바닥에 그려진 녹색 선만 따라가면 이르쿠츠크 시내의 역사적 건물들을 대부분 둘러볼 수 있다. 해당 건물 앞에는 관광지 번호와 영어, 러시아, 중국어 설명판이 세워져 있다. 성 십자가 성당에서 끝나기 때문에, 관광 후 바로 앞에 있는 130지구를 돌며 식사 및 쇼핑을 즐기면 된다. 그린 라인에는 볼콘스키의 저택-박물관, 유럽 하우스, 중앙시장 등은 포함돼 있지 않다.

Good	예쁜 건축물들을 볼 수 있다.
Bad	5km나 걸어야 하는데, '뭐 굳이 이런 곳까지?'라고 생각되는 장소들이 간간이 껴 있다.
For Whom	예쁜 건물이나 소소한 볼거리를 즐기며 산책을 좋아하는 사람들

❶

알렉산드르 3세 동상 Monument to Alexander III ★☆☆

시베리아 횡단열차 개통을 축하하며 1908년 세워진 차르(황제) 알렉산드르 3세의 동상이다. 1964년 구소련 정부에 의해 파괴되었으나, 2003년 최초의 모습으로 다시 세워져 지금에 이르고 있다.

❷

이르쿠츠크 주립대학교 도서관 Library of Irkutsk State University ★☆☆

러시아 고전주의 양식으로 지어져, 1837년부터 동 시베리아 총독의 관저로 사용되었다. 1939년부터 이르쿠츠크 주립대학교 도서관으로 사용 중이다.

❸

이르쿠츠크 향토박물관 Irkutsk Regional Local History Museum ★★★

1883년 무어 양식으로 건축됐으며, 이르쿠츠크의 역사와 문화를 살펴볼 수 있는 곳이다.

❹

오클롭코프 드라마 극장 Okhlopkov Drama Theatre ★★☆

1897년 고전주의 양식으로 건축되었으며, 이르쿠츠크의 19세기 건축물 중 걸작으로 꼽힌다. 1999년 현대식 음향시설을 갖췄으며, 오페라나 러시아 정극 등을 관람할 수 있다. 극장 앞 광장에는 제2의 안톤 체호프라고 불리는 극작가 밤필로프Alexander Vampilov의 동상이 서 있다. 밤필로프의 오른손 엄지손가락을 문지르면 행운이 찾아온다는 설이 있다.

❺

레닌 광장 & 동상 Lenin Square & Monument to V. I. Lenin ★☆☆

이르쿠츠크의 남북을 가르는 칼 마르크스 거리ul. Karla Marksa와 동서를 가르는 레닌 거리ul. Lenina의 교차로 한쪽에 위치한 작은 공원으로 레닌 동상이 서 있다.

❻

러시아-아시안 은행 Russian-Asian Bank ★★☆

1912년 모더니즘 양식으로 건축되었으며, 러시아 혁명 전 가장 큰 은행 중 하나였던 러시아-아시안 은행 이르쿠츠크 지점으로 사용됐다. 현재는 시립병원 외래진료소가 들어서 있다. 건물 뒤쪽으로 멋진 시계탑과 분수, 조각상들로 정원을 예쁘게 조성해 놓았다. 꼭 한번 들러보자.

7

바이칼 주립대학교 법·경제대학

Baikal University of Economics and Law ★☆☆

1895년 건축된 것으로, 알렉산드르 마린스키 대학(알렉산드르 3세의 결혼 25주년을 기념하여 탄생한 교명이다) 건물로 사용되었다. 현재는 바이칼 주립대학교 법 · 경제대학이 들어서 있다.

8

미카엘 대천사장 성당 Church of Michael the Archangel ★☆☆

이르쿠츠크의 부유한 상인의 지원 아래 1790년 건축된 성당이다. 해상 교역으로 인한 어려움에 위안을 얻고 동료나 물자의 안전한 수송을 기원하던 곳이다. 배의 선원들 역시 출항 전 이곳에서 무사복귀를 기원했다.

9

수가체프 미술관 Sukachev Art Museum ★☆☆

1907년 건축된 것으로, 처음에는 중등학교 교사로 사용되다가 1975년 수가체프 미술관으로 개관하여 지금에 이르고 있다.

10

바자노프 고아원 Bazanov Orphanage House ★☆☆

1883년 금광업자 바자노프의 지원 아래 건축된 고아원으로, 25년 동안 1만 5천여 명의 아이들이 이곳에서 양육됐다. 1924년 이후로는 안과 클리닉으로 사용 중이다.

11

러시아-일본 우정기념비

Monument to Russian-Japanese Friendship ★☆☆

1783년 일본 배가 러시아 해 연안에 좌초되었고, 당시 총독의 지원 아래 선박은 다시 일본으로 돌아갔다. 이를 계기로 일본인들이 이르쿠츠크를 방문하기 시작했고 양국의 교류를 기념하기 위해 기념비를 세웠다.

12

이르쿠츠크 시청 City Administration Building ★☆☆

19세기 초, 상인 솔다토프Soldatove가 거주하였으나 1822년 이후 동 시베리아 총독의 관저, 의전실, 제정 러시아의 주 의회 건물 등으로 사용되었다.

⑬

키로프 광장 Kirov Square ★★☆

1670년 이르쿠츠크 성벽 남쪽에 있었던 광장으로, 시장이 서고 무역이 이뤄졌던 곳이다. 1879년 대화재로 당시의 건물들은 파괴됐고, 1961년 광장으로 재조성됐다. 현재 이르쿠츠크의 주요행사 및 국가 기념식 등은 모두 이곳에서 열리고 있다.

⑭

이르쿠츠크 주 정부청사 Government of the Irkutsk Oblast ★☆☆

러시아 연방의 이르쿠츠크 주 정부청사다. 건물 앞 오른쪽에는 카잔의 성모 소기도실Chapel of Our Lady of Kazan이 있다. 이 자리에는 본래 이르쿠츠크에서 가장 큰 성당 중 하나인 카잔 대성당이 서 있었으나, 구소련 정부가 들어서면서 1932년 파괴되었다. 현재의 소기도실은 2000년에 건축된 것으로, 카잔 대성당의 돔들 중 하나의 모습을 그대로 재현했다.

⑮

로마 가톨릭 대성당 Roman-Catholic Cathedral ★★☆

1825년 처음 건축된 로마 가톨릭 성당이다. 초기 목조양식의 건물은 1879년 대화재 때 소실되고, 현재의 네오고딕 양식으로 재건됐다. 1978년 독일에서 제작된 오르간이 유명하며, 현재까지 이곳은 이르쿠츠크 필하모닉의 오르간 연주회장으로도 이용 중이다.

⑯

구세주(스파스카야) 성당 Church of Our Savior(Spasskaya) ★★☆

1710년 세워진 것으로 동 시베리아 최초의 석조건물로 기록돼 있다. 예수의 세례 장면을 비롯한 거대한 외부 벽화로 유명하다.

⑰

제2차 세계대전 추모단지

Memorial Complex Irkutsk Residents in the Patriotic War of 1941-1945 ★★☆

제2차 세계대전에 참전했다 돌아오지 못한 5만 명의 이르쿠츠크 병사들을 추모하는 장소다. 추모의 벽 앞에는 꺼지지 않는 불꽃이 타오르고 있다.

⑱

그리스도 공현 대성당 Epiphany Cathedral ★★★

1746년 건축됐으며, 흰색 바탕에 전통민속 예술 요소를 사용한 독특한 외관과 화려한 이코노스타시스 및 벽화가 인상적이다.

⑲
모스크바 개선문 Moscow Triumphal Arch ★☆☆
1813년 알렉산드르 1세의 즉위 10년을 기념하며 건축된 것으로, 1925년 구소련 정부 때에 파괴되었다가 2011년 본래의 모습 그대로 재건되었다.

⑳
로갈 전시장 Rogal Exhibition Center ★☆☆
러시아의 국민화가 V.S.로갈의 작품과 기록물들을 전시한 곳으로, 이르쿠츠크 시 역사박물관의 분관이다.

㉑
파인버그의 집 I. M. Fineberg Private House ★★☆
1901년 건축된 금광업자 조슈아 파인버그Joshua Feinberg의 저택이다. 그는 공공 프로젝트와 드라마 극장, 산업학교 건립 등에 많은 기부를 했다. 이곳은 학교와 군사본부, 박물관 등으로 사용되다 1989년 지역도서관이 되었다.

㉒
브토로프의 집 A. F. Vtorov's Mansion ★☆☆
시베리아에서 가장 부유한 상인 브토로프의 저택으로, 1896년 러시아 비잔틴 양식으로 건축되었다. 구소련 시대 때는 정부에 귀속되어 박물관, 어린이 창작활동 센터로도 사용됐다.

㉓
상인 트라페즈니코프의 집 Merchant Trapeznikov's Mansion ★☆☆
상인 트라페즈니코프의 집으로, 19세기 초 건축되었다. 1879년 대화재 이후 재건축됐고, 수가체프가 인수하여 고급 호텔을 운영했다. 하지만 그가 시장에 선출되면서 이곳에는 지역군 본부, 사법과, 지역법원, 검찰청, 사법 기록물 센터 등이 들어섰다. 현재는 법원으로 사용 중이다.

㉔
우리츠코고 거리 Ulitsa Uritskogo ★★☆
이르쿠츠크에서 가장 오래된 상업 거리다. 이곳에는 본래 작은 목조주택들이 즐비해 있었으나, 1879년 대화재 이후 25년간의 대대적인 재건공사를 통해 지금의 모습을 갖추게 되었다. 이곳에는 국가의 보호를 받는 역사적 건축물들이 다수 포진해 있다.

㉕
그랜드 호텔 Grand Hotel ★★☆

1905년 건축된 것으로, 당시 이르쿠츠크에서 최고급 호텔로 꼽혔던 그랜드 호텔과 레스토랑이 들어서 있었다. 길 건너편에는 르네상스와 바로크 양식의 멋진 건물을 바라보며 감탄하는 듯한 배낭여행자 동상이 서 있다.

㉖
향토박물관 자연사 분관
Nature department of the Ethnographical Museum ★☆☆

무어 양식과 러시아 건축양식이 혼합돼 1903년 건축되었다. 러시아 혁명 이전에는 출판업자 마쿠신Makushin의 저택이자 인쇄소, 제본소, 서점 등으로 사용되었다. 현재는 향토박물관의 자연사 분관이 들어서 있다.

㉗
후도제스트베니 영화관 Khudozhestvenny Cinema ★☆☆

이르쿠츠크 최초의 영화관이 있던 곳이다. 1931년 최초의 유성 영화가, 1936년 최초의 컬러 영화가 이곳에서 상영되었다. 현재 바이칼 주립대학교 법 · 경제대학의 문화 레크리에이션 센터로 사용 중이다.

㉘
길러 하우스 Guiller Revenue House ★☆☆

19세기 말, 사업가 길러가 자신의 저택 겸 상업용으로 건축해 고급 호텔과 레스토랑, 극장, 각종 부티크 숍들이 들어섰다. 러시아 혁명 이후, 붉은 군대 본부, 무역협회, 군 병원, 시립 청년극장 등으로 사용되었다.

㉙
밤필로프 청년극장 Vampilov Young Spectators' Theater(Philharmonia) ★☆☆

1891년 니콜라스 공의 방문을 준비하며 건축되었다. 현재 이곳은 러시아 정극을 관람할 수 있는 밤필로프 청년극장과 이르쿠츠크 필하모닉의 연주장 등으로 사용되고 있다(www.filarmoniya.irk.ru).

㉚
성 십자가 성당 Holy Cross Church ★★☆

동양적 요소들을 기하학적 패턴으로 사용해 독특하고 아름다운 외관을 자랑하는 성당이다. 꽃이 만발한 정원은 쉬었다 가기 좋다.

1

피가로 Figaro

프랑스와 스페인, 영국 등지에서 경력을 쌓은 이탈리안 셰프가 주방을 맡고 있는 이탈리안 레스토랑이다. '극동지역 최고의 파스타 집'이라는 평가를 받고 있는 건 '비즈니스 런치' 메뉴의 공이 크다. 이곳에서는 세 가지 가격대의 런치 세트를 제공하는데, 400루블 런치는 수프, 파스타, 티로 구성돼 있고, 500루블 런치는 메인 요리가, 600루블 런치에는 메인 요리에 디저트까지 추가된다. 홈페이지에는 매주 비즈니스 런치 메뉴가 업데이트된다.

주소 ul. Karla Marksa, 22, Irkutsk
위치 레닌 광장 맞은편
운영 10:30~24:00
요금 메인 요리 700~1800RUB,
파스타 280RUB~,
비즈니스 런치 400~600RUB
홈피 www.figaro-resto.com
GPS 52.280181, 104.283004

디저트

음료(커피 혹은 차)

메인 요리

파스타

식전빵

수프

Food : 추천

2

라솔닉 Rassolnik | Рассольник

러시아 전통요리 전문 레스토랑으로 트립어드바이저 1, 2위를 다투는 곳이다. 130지구의 예쁜 목조건물 지하에 위치하는데, 앤티크 가구와 소품들로 고급스러운 실내 분위기를 자아낸다. 사진이 있는 영어 메뉴판이 있어 주문에 어려움이 없지만, 한국인이 부담 없이 먹기에는 보르시나 펠메니(러시아식 만두), 키예프 치킨 커틀릿, 소고기 스트로가노프Stroganoff가 좋다. 독특한 요리를 원한다면 사슴 간이나 송아지 혀, 염소, 토끼 등을 재료로 한 요리도 시도해볼 수 있다. 맛, 서비스, 분위기 모두 훌륭한 만큼 가격은 비싼 편이다.

주소 ul. Iyulya, 3, Irkutsk
위치 130지구 내
운영 일~목 12:00~24:00,
금 · 토 12:00~02:00
요금 메인 요리(육류) 350~950RUB
홈피 www.rassolnik.su
GPS 52.275416, 104.286939

Food

3

코슈브닉 Kochevnik | Кочевник

몽골계에 속하는 부랴트족의 전통음식 전문점이다. 유목민이었던 부랴트족의 특성상 양, 소, 돼지 등의 육류요리가 발달되어 있는데, 이 집 역시 메뉴 대부분이 고기요리다. 처음 접하는 음식에 이름도 낯설지만, 사진과 함께 영어 메뉴판이 준비되어 있어 주문에 도움이 된다. 양이 많은 편으로 사람 수대로 주문하면 남길 수도 있다.

주소 ul. Gorkogo, 19, Irkutsk
위치 레닌 광장에서 도보 7분
운영 12:00~24:00
요금 수프류 170RUB~,
포지(부랴트식 만두) 250RUB~,
메인 요리(육류) 400RUB~
GPS 52.283649, 104.283541

Food

❹

브라스리 베베베 Brasserie bbb

칼 마르크스 거리에 위치한 벨기에 레스토랑 겸 베이커리다. 파스타나 버거류를 비롯한 유럽 음식들과 와플, 마카롱, 크루아상, 키슈 같은 프랑스식 또는 벨기에식 빵, 디저트를 판매한다. 특히 레페나 호가든, 스텔라 아르투아 같은 벨기에 맥주를 생맥주로 즐길 수 있다는 것도 이곳만의 특징이라 할 수 있다.

주소 ul. Karla Marksa, 41/1, Irkutsk
위치 키예프 광장에서 도보 12분
운영 베이커리 09:00~20:00,
레스토랑 11:30~24:00
요금 맥주 230RUB~, 파스타 260RUB~,
메인 요리 370RUB~

GPS 52.288571, 104.292602

Food

❺

포즈나야 나 카나드자비 Poznaya Na Kanadzavy

관광객보다 현지인들이 많이 찾는 곳으로 보르시, 매쉬드 포테이토, 포지(부랴트식 만두), 라그만Lag mon(중앙아시아식 국수), 크랜베리 주스처럼 현지인들이 즐겨 먹는 음식과 중앙아시아 음식들이 주 메뉴다. 여느 레스토랑보다 놀랄 만큼 저렴하지만(100루블을 넘는 메뉴가 거의 없다), 맛도 나쁘지 않고 실내도 쾌적하다. 알뜰 여행자라면 주목해보자.

주소 ul. Kanadzavy, 3, Irkutsk
위치 키예프 광장에서 도보 5분
운영 10:00~22:00
요금 포지 40RUB, 보르시 80RUB,
라그만 95RUB

GPS 52.285627, 104.278903

Food : 추천

6

안트레코트 Antrekot | Антрекот

샤슬릭을 전문으로 하는 패밀리 레스토랑으로 칼 마르크스 거리와 130지구 등에 체인점이 있다. 육류요리를 전문으로 하지만, 샐러드, 파스타, 튀김류 등 메뉴가 다양하다. 실내도 넓고 쾌적하다. 맛, 서비스, 실내 분위기 등 모든 면에서 딱 '샤슬릭 전문 아웃백 스테이크' 정도 된다.

위치 **칼 마르크스 지점** 레닌 광장에서 도보 5분, 모드느이 크바르탈
130지구 지점 쇼핑몰 2층
운영 11:00~24:00(매장에 따라 다름)
요금 샤슬릭 255RUB~, 버거 205RUB~, 양갈비 425RUB~
GPS 52.273135, 104.290638

Food : 추천

7

뉴질랜드 파이 New Zealand Pies | Новозеландские пироги

뉴질랜드에서 맛본 파이 맛에 반해 자신이 직접 파이를 굽고 하나둘씩 판매하면서 지금의 작은 레스토랑을 열게 되었다. 치킨, 햄, 연어 등을 넣은 식사용 파이뿐 아니라 시나몬 사과, 베리류, 치즈 등을 넣은 디저트용 파이도 판매하는데 맛이 꽤 훌륭하다. 10여 좌석 정도 있는 작은 매장이지만 포근하고 예쁘장하게 꾸몄다.

주소 ul. Sverdlova, 8, Irkutsk
위치 레닌 광장에서 도보 10분
운영 08:00~20:00
요금 파이류 100RUB~, 음료 30RUB~
GPS 52.282337, 104.276389

Food
8
김치 Kimchi

현지인들에게 인기가 많은 한식집으로, 한국인은 아니지만 주방장이 한국에서 한식들을 접하고 연구하여 현지화된 지금의 음식들을 내놓게 됐다. 비빔밥, 김치찌개, 라면, 오징어볶음, 짜장면, 짬뽕 같은 한식 메뉴는 물론 스시, 마파두부, 똠얌꿍, 치킨 커리 같은 다양한 아시아 음식들도 있다.

주소 ul. Krasnoarmeyskaya, 2, Irkutsk
위치 레닌 광장에서 도보 3분
운영 11:00~22:00
요금 비빔밥 280RUB, 마파두부 290RUB

GPS 52.280504, 104.283617

Food
9
커피 전문점들

이르쿠츠크 시내를 돌아다니다 보면, 여기저기 커피 전문점들이 많아 눈에 띈다. 대부분 저렴한 가격에 커피와 디저트류를 판매하고 와이파이를 제공해 쉬었다 가기 좋다. 러시아 전역에 체인점이 있는 **커피숍 컴퍼니** Coffeeshop Company나 관광의 요지 레닌 거리에 위치한 **레닌 스트리트 커피** Lenin str. Coffee 같은 곳이 특히 그렇다. 좀 더 맛이 괜찮고 간단한 식사를 할 수 있는 곳은 **트래블러스 커피** Traveler's Coffee다. 한국의 커피 전문점과 비슷한 맛을 찾는다면 **엔지니어리아 커피** Engineeria Coffee로 가보자. 커피 종류도 다양해 '커피 전문점'답다.

위치 시내 곳곳(지도 p.170 참조)
운영 08:00~23:00(매장에 따라 다름)
요금 대부분 아메리카노 100~130RUB 정도로 대동소이함

GPS 커피숍 컴퍼니 52.282131, 104.281316
레닌 스트리트 커피 52.281345, 104.281755
트래블러스 커피 52.281761, 104.287540
엔지니어리아 커피 52.288197, 104.292599

엔지니어리아 커피

레닌 스트리트 커피

레닌 스트리트

트래블러스 커피

트래블러스 커피

커피숍 컴

Night Life ★★★

❶

이르쿠츠크 필하모닉 Irkutsk Philharmonic | ИРКУТСКАЯ ОБЛАСТНАЯ ФИЛАРМОНИЯ

각종 음악회를 즐기는 사람이라면, 1850년에 창설된 이르쿠츠크 필하모닉에 주목해보자. 매년 여름 개최되는 바이칼 국제음악회나 이르쿠츠크 교향악단 정기 연주회 외에도 합창, 탱고, 재즈, 오르간 연주 등 다양한 장르의 공연을 (상대적으로) 저렴한 가격에 즐길 수 있다. 오르간 연주는 키예프 광장 근처에 있는 로마 가톨릭 성당 오르간 홀에서, 그 외 연주회는 130지구 근처에 있는 밤필로프 청년극장 필하모닉 홀에서 열린다. 연주회 티켓은 온라인에서 한국 신용카드로 결제가 안 되므로 공연장 매표소KACCA에서 구매해야 한다.

주소 **필하모닉 홀**
ul. Dzerzhinskogo, 2, Irkutsk
위치 **필하모닉 홀**
130지구에서 도보 5분
요금 250RUB
(프로그램 및 좌석에 따라 다름)
GPS 52.278082, 104.285221

© Irkutsk Philharmonic

© Irkutsk Philharmonic

Night Life ★★☆

❷

이르쿠츠크 서커스 Irkutskiy Tsirk | Иркутский цирк

어릿광대의 묘기, 아슬아슬한 곡예 쇼, 댄서들의 춤, 사자, 호랑이, 말 같은 동물들의 재롱 쇼 등을 즐길 수 있는 서커스다. 화려하고 웅장한 뮤지컬, 스펙터클한 영화에 익숙한 우리 눈에는 자칫 심심해 보일 수 있지만, 서커스만이 가진 매력은 충분히 즐길 만하다. 프로그램 및 공연 일정, 요금 등은 홈페이지(구글 크롬으로 한글 자동 번역 이용)로 확인 가능하다.

주소 ul. Proletarskaya, 13, Irkutsk
위치 키로프 광장에서 도보 7분
요금 500RUB~(좌석에 따라 다름, 매표소 신용카드 사용 불가)
홈피 www.circus-irkutsk.ru
GPS 52.287594, 104.287230

© Irkutskiy tsirk

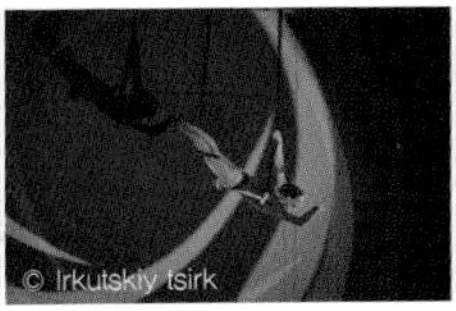
© Irkutskiy tsirk

© Irkutskiy tsirk

Shopping
❶
중앙시장 Central Market | Центральный рынок

이르쿠츠크 시내 중심에 있는 종합시장으로, 실내와 실외로 구분된다. 실내에는 신선식품과 가공식품, 공산품 및 생활용품, 가전제품(2층) 등 구역별로 나눠져 있어 깔끔하고 위생적이다. 중앙시장을 가운데 두고 한쪽에는 야채와 과일, 다른 한쪽에는 의류가 주를 이룬다. 관광객도 많이 사는 과일, 꿀 등은 마트보다 가격은 비싼 편이지만 품질은 훨씬 좋다. 중앙시장 주변에 대형 쇼핑몰(유심 칩 구입)들도 대거 포진해 있어 이것저것 둘러볼 것도 많다.

주소 ul. Chekhova, 22, Irkutsk
위치 칼 마르크스 거리, 레닌 거리, 이르쿠츠크 투어리스트 인포메이션 센터 등에서 도보 10분
운영 08:00~20:00
GPS 52.282932, 104.295456

Shopping
❷
모드느이 크바르탈 Modnyy Kvartal | Модный квартал

130지구 안쪽에 위치한 쇼핑센터로, 이르쿠츠크 시내에서 가장 세련된 분위기를 갖춘 곳이다. H&M, 망고, 나프나프, 캘빈 클라인 진 같은 세계적인 인기 브랜드와 러시아 패션 브랜드 숍들이 주를 이룬다. 여행객들이 주로 이용하는 곳은 1층 슈퍼마켓과 MTC(유심 칩), 2층의 샤슬릭 전문점 안트레코트Антрекот다. 4층에는 우리에게 익숙한 KFC, 베스킨라빈스, 시나본 등도 입점해 있다. 모스크바를 비롯한 러시아 서부에서는 인기 많은 감자 패스트푸드 전문점 '끄로쉬까 까르또쉬까Крошка-картошка'도 주목해 보자. 가볍게 한 끼 해결하기 딱 좋다.

주소 ul. 3 Iyulya, 25, Irkutsk
위치 130지구 안쪽 끝
운영 10:00~23:00
GPS 52.273135, 104.290638

Stay : 4성급

❶

인터내셔널 호텔 사이엔
International Hotel Sayen

이르쿠츠크에서 가장 좋은 호텔로 알려져 있으며, 2016년 러시아에서 가장 친절한 호텔에 선정되기도 했다. 일본 건축가의 설계 및 디자인으로 탄생해 로비부터 객실 구석구석 일본식 느낌이 나는데, 방 크기만은 러시아답게(?) 넉넉하다. 칼 마르크스 거리에 있어 각종 관광지 및 레스토랑, 어디로든 접근성이 좋다.

주소 ul. Karla Marksa, 13б, Irkutsk
위치 레닌 광장에서 도보 4분　요금 디럭스룸 12,000RUB~
전화 (3952) 500-000　홈피 www.sayen.ru
GPS 52.282046, 104.283665

Stay : 4성급

❷

코트야드 바이 메리어트 이르쿠츠크 시티 센터 호텔
Courtyard by Marriott Irkutsk City Center Hotel

세계적인 호텔 체인 메리어트의 표준화된 객실 컨디션과 직원들의 서비스, 조식 등 여러모로 믿을 만한 곳이다. 키로프 광장, 앙가라 강변 등과 가깝고, 강 너머 이르쿠츠크 기차역으로도 이동하기 좋다. 공항셔틀 서비스를 유료로 이용할 수 있으며, 피트니스 센터도 있다. 와이파이가 로비에서만 된다.

주소 ul. Chkalova, 15, Irkutsk
위치 키로프 광장에서 서쪽으로 도보 10분
요금 디럭스룸 9,200RUB~
전화 (3952) 481-000　홈피 www.marriott.com
GPS 52.288168, 104.272946

Stay : 3성급

❸

쿠페체스키 드보르 Kupechesky Dvor

시베리아 전통 목조주택 단지, 130지구에 있는 호텔이다. 이르쿠츠크의 대표적인 맛집 라솔닉을 비롯해 다양한 종류의 레스토랑들과 카페, 모드느이 크바르탈이 지척에 있다. 130지구 입구 근처에 버스와 트롤리 버스, 트램이 서기 때문에 공항, 이르쿠츠크 기차역, 시내 관광지 어디로든 쉽게 연결된다.

주소 ul. Sedova, 10, Irkutsk
위치 130지구 내　요금 스탠더드룸 6,600RUB
GPS 52.275264, 104.288198

Stay : 3성급

❹

앙가라 호텔 Angara Hotel | Ангара

키로프 광장을 가운데 두고 이르쿠츠크 시청과 마주하고 있으며, 앙가라 강변 산책로와 그리스도 공현 대성당 등의 대표 관광지는 물론 그린 라인의 소소한 관광지들까지 모두 돌아보기 좋은 위치다. 객실은 낡은 듯 오래됐지만, 각 층마다 전담 직원이 있고 3개의 레스토랑과 펍, 슈퍼마켓까지 들어서 있어 편리하다.

주소 ul. Sukhe-Bator, 7, Irkutsk　위치 키로프 광장 앞
요금 스탠더드룸 5,500RUB~　전화 (3952) 218-106
홈피 www.angarahotel.ru
GPS 52.287746, 104.282080

Stay : 3성급

5

이비스 이르쿠츠크 센터
Ibis Irkutsk Center

세계적인 호텔 그룹 아코르의 중저가 호텔로, 2017년 처음 문을 열었다. 이비스 스타일답게 감각적이면서도 심플한 실내 인테리어, 최신시설, 앙가라 강변 및 이르쿠츠크 기차역, 주요 관광지로의 접근성 등 장점이 많다.

주소 ul. Osipenko, 5, Irkutsk
위치 키로프 광장에서 도보 12분 요금 스탠더드룸 5,400RUB~
전화 (3952) 703-177 홈피 www.accorhotels.com
GPS 52.287613, 104.270520

Stay : 2성급

6

이르쿠트 호텔 Irkut Hotel

가격이 저렴하면서도 깔끔하고, 직원이 친절하고 영어가 통하며, 주요 관광지와도 가까운 2성급 호텔이다. 인근에 이르쿠츠크 서커스가 있고, 칼 마르크스 거리나 중앙시장까지 도보 10~15분 정도 걸린다.

주소 ul. Proletarskaya, 7, Irkutsk
위치 키로프 광장에서 도보 7분 요금 스탠더드룸 3,300RUB~
전화 (3952) 757-676
홈피 www.hotel-irkut.ru
GPS 52.288839, 104.285443

Stay : 2성급

7

마트레시카 호텔 Matreshka Hotel

저가 호텔 중에서도 가성비가 좋은 곳이다. 현대식 실내 인테리어에 깨끗하고 직원도 친절하며 조식도 포함돼 있다. 특히 중앙시장에서 도보 5분 거리에 있어 알혼 섬, 리스트비얀카로의 이동이 편리하다.

주소 ul. Sofyi Perovskoy, 31, Irkutsk
위치 중앙시장에서 도보 5분
요금 더블룸 또는 트윈룸 3,000RUB
전화 (3952) 500-565 홈피 www.mahotel.ru
GPS 52.282072, 104.300583

Stay

8

호스텔 루스 Hostels Rus

이르쿠츠크에서 인기 있는 호스텔로, 130지구와 가까운 레닌 거리에 위치해 있다. 남녀 구분된 도미토리는 커튼이 달려 개인공간이 보장되고 방도 넓다. 쾌적한 2인실 및 다인실을 저렴한 가격에 쓸 수도 있다. 알혼 섬 등을 다녀올 때 무료로 짐을 맡아준다.

주소 ul. Dzerzhinskogo, 1, Irkutsk
위치 레닌 광장에서 도보 3분
요금 도미토리 600RUB, 트윈룸 1,800RUB
GPS 52.278598, 104.284729

Special Tour 01

태곳적 신비를 머금은 청정 자연의 원시 섬
알혼 섬(Olkhon Island | Ольхóн)

세계에서 가장 깊고 오래된 호수로 알려진 바이칼 호수. 자연경관이 수려하면서 개발의 손이 닿지 않아 맑고 깨끗함이 그대로 살아 있는 천혜의 호수, 바이칼의 진면목을 느낄 수 있는 곳은 뭐니 뭐니 해도 역시 알혼 섬이다. 광활한 스텝(짧은 풀이 자라는 초원지대)과 소나무 숲을 가로질러 바이칼 호수를 둘러싼 해안절벽의 절경을 즐기다 보면 복잡했던 머리와 답답했던 가슴은 뻥 뚫리는 듯한 느낌이 든다.

1. 드나들기

이르쿠츠크 공영 시외버스 터미널에서 알혼 섬행 공영 시외버스를 타거나 공영 시외버스 터미널 앞 또는 중앙시장 앞에서 사설버스를 이용한다. 버스를 타고 3시간 30분가량 달린 후(중간 휴식시간 20분) 도착하여 페리 선착장에서 페리 탑승, 10분 후에 알혼 섬에 하선하여 타고 왔던 버스에 재탑승하여 비포장도로를 1시간 달리면 후지르 마을에 도착한다.

알혼 섬행 공영 시외버스 정류장

이르쿠츠크 공영 시외버스 터미널

공영 시외버스

사람이 다 차야 떠나는 사설버스와 달리 출발 시간이 정확해 정해진 일정대로 움직여야 하는 사람들에게 좋다. 버스 컨디션도 사설버스보다 좋은 편이며 좌석 지정도 가능하다. 요금은 편도 800루블. 캐리어나 대형 배낭은 추가 요금(약 130루블)이 붙는다. 출발 당일 좌석이 없을 수도 있으므로, 터미널 홈페이지에서 미리 예약하거나 최소 하루 전 터미널에서 티켓 구매를 추천한다.

공영 시외버스

홈피 이르쿠츠크 공영 시외버스 터미널 www.avtovokzal-on-line.ru

사설버스

앞 창문에 러시아어나 영어로 '알혼 섬Ольхон 혹은 Olkhon'이라고 쓰인 차를 타서 원하는 좌석에 앉는다. 사람이 다 차면 떠나는데, 보통 오전 8시에서 10시 사이에 출발한다. 사람이 없으면 당일 출발 자체를 못 할 수도 있다는 점이 가장 큰 단점이다. 짐 값은 따로 없지만, 버스 지붕 위에 싣기 때문에 비오는 날은 방수커버 필수. 요금은 850루블. 알혼 섬 출발 이르쿠츠크행 사설버스는 후지르 인포메이션 센터에서 예약한다.

숙소 예약 대행

이르쿠츠크나 알혼 섬 숙소 중에서 버스편을 예약 대행해주기도 한다. 이 경우, 버스가 숙소 앞까지 와서 다음 숙소 앞에 내려주기도 한다. 대행 수수료가 100~200루블 정도 추가된다. 하지만 가장 편하고 믿을 만하다.

2. 후지르(Khuzhir, Хужир) 마을 둘러보기

알혼 섬에서 가장 큰 마을로, 이르쿠츠크와 알혼 섬을 잇는 버스가 출도착한다. 마을 내 각종 숙소들과 인포메이션 센터, 슈퍼마켓, 식당, 카페, 약국 등이 모여 있다. 은행이 없기 때문에, 반드시 이르쿠츠크에서 미리 환전해 가야 한다. 신용카드 사용에도 한계가 크다. 마을 내에서 도보로 이동하거나 자전거를 대여할 수 있다.

자전거 대여점

인터넷 카페

Tip 1

후지르 인포메이션 센터

Khuzhir Infromation Centre

알혼 섬에서의 투어를 예약하거나 이르쿠츠크행 버스를 예약할 수 있다. 영어가 가능한 직원이 상주하고 있으므로, 다양한 도움을 받을 수 있다. 알혼 섬에서 기념품을 구입하고 싶다면 이곳을 이용하면 된다.

Tip 2

북부 투어 vs 남부 투어, 어떤 투어가 좋을까?

알혼 섬에서 가장 대표적인 투어는 호보이 곶 투어다. 북부, 남부 둘 다 해안을 따라가며 곶과 바다, 해변을 둘러본다. 참고로 페리에서 내려 후지르 마을까지(역방향도 마찬가지) 1시간을 버스로 다시 이동해야 하는데, 이때 창으로나마 남부 해안의 절경을 감상할 수 있다. 이런 점을 고려할 때, 남부와 북부 중 한 곳을 선택해야 한다면 북부 투어에 손을 들어주고 싶다.

알혼 섬행 사설버스

슈퍼마켓

3. 투어 프로그램

후지르 인포메이션 센터에서 예약할 수 있는 투어 프로그램은 다음과 같다. 알혼 섬 북부 투어나 남부 투어는 알혼 섬 숙소를 통해서도 예약 가능하다. 어느 곳에서 예약해도 방문지, 투어 시간, 교통편, 식사는 비슷하며 요금에서 차이가 있다. 예약을 하면 숙소로 데리러 오고 끝나면 숙소에 데려다준다.

종류	프로그램 내용	시간	요금
버스 투어	호보이Khoboy 곶(북부 투어)	10:00~17:00	1,200RUB~
	남부 하이라이트Big South	10:00~17:30	1,400RUB~
	이디바Idiba 계곡–한호이Khanhoy 호수	10:00~17:00	1,100RUB~
보트 투어	오고이Ogoy 섬 등 알혼 섬 주변의 작은 섬 투어	10:00~18:30	1,900RUB~
	말로이Maloye 해 근처 섬을 돌며 일몰 투어	18시 이후부터 2시간 (시기별 시작시간 다름)	800RUB~
참고사항	• 투어에 따라 국립공원 입장료(100RUB) 추가(업체에 따라 다름) • 가장 인기 있는 호보이 곶 투어 외에는 신청자가 적어 취소되는 경우가 잦다.		

4. 일정

이르쿠츠크에서 알혼 섬을 방문하려면 최소 3일은 소요된다. 자연풍경 감상을 좋아하거나 조용한 휴식이 필요하다면, 알혼 섬에서 하루 이틀 더 머물며 남부 투어 등에 참여하거나 자전거를 대여해 알혼 섬 곳곳을 둘러보면 좋다.

1일 10:00 이전 이르쿠츠크에서 출발
15:00~16:00 알혼 섬 도착 ⋯→ **부르한 곶**

2일 10:00 이전 **호보이 곶(북부 투어)** 출발
17:00 이전 숙소 도착 ⋯→ **부르한 곶 일몰** 감상(혹은 선셋 보트 투어)

3일 10:00 이전 이르쿠츠크로 출발
15:00~16:00 이르쿠츠크 도착

부르한 곶

니키타 하우스

5. 숙소 잡기

알혼 섬의 터줏대감으로 알려진 **니키타 하우스**(원래 이름은 Nikita's Homestead)는 알혼 섬을 방문하는 관광객들에게 성지와도 같은 곳이다. 예쁘게 꾸민 목조건물들이 옹기종기 모여 있으며 객실도 깔끔하고 불편함이 없다. 숙박료에 조식과 석식이 포함돼 있고(후지르 마을 내 마땅한 식당이 없다), 러시아 전통 사우나 반야Banya나 탁구 등도 즐길 수 있다. 후지르 마을의 대표적인 관광지 부르한 곶Cape Burkhan 근처에 있어 위치도 좋다. 장점이 많은 만큼 성수기에는 예약이 쉽지 않다.
니키타 하우스가 아니라도 알혼 섬 내에는 다양한 조건의 괜찮은 숙소들이 있다. 가능하면 후지르 마을 내 숙소를 잡는 것이 좋다. 비포장도로에 교통도 열악하고 영어도 통하지 않기 때문에, 마을을 벗어난 숙소에 머물 경우 불편함이 크다. 영어 가능 직원이 있는지도 체크하는 것이 좋다.

Tip 3
니키타 하우스 예약하기
1 니키타 하우스의 홈페이지(www.olkhon.info)로 들어가 객실사진 및 요금 등을 확인한다.
2 예약 아이콘을 클릭해 신청서를 작성해 전송하면, 니키타 하우스에서 예약 여부 및 지불 금액 등이 안내된 메일을 보내준다.
3 메일에 안내된 링크에 따라 예약금(총 금액의 30%)을 지불하면 예약이 완료된다.

6. 알혼 섬의 먹거리 & 살 거리

알혼 섬의 식당 상황은 열악하다. 늦봄부터 초가을까지 관광객이 몰려 있어, 식당 수도 매우 적고 성수기에만 영업하는 곳도 많다. 따라서 조식, 석식을 숙소에서 해결하는 경우가 대부분이다. 이것도 여의치 않다면, **니키타 하우스 내 식당**이나 **사르마 카페**Sarma Cafe를 이용하면 된다. 두 곳 다 가격이 착하고 맛도 좋은 곳으로 알려져 있다. 컵라면이나 물, 맥주, 간식거리 등은 시내에 있는 **슈퍼마켓**에서 구입하면 된다. 종류가 다양하진 않지만 있을 건 다 있고 가격도 많이 비싸지 않다.

사르마 카페

❶

부르한 곶 Cape Burkhan | Мыс Бурхан ★★★

아시아에서 신비로운 기운이 가장 왕성한 9개 장소 중 한 곳으로 알려져 있으며, '샤만카Shamanka 바위'로도 불린다. 예로부터 샤먼들은 이곳을 찾아 기도를 올리고 염력을 키웠다. 특히 이곳을 신성하게 여긴 부랴트족의 샤먼들은 이곳 동굴에서 거하고, 최고의 샤먼은 사후 바위 근처에 화장되거나 매장되었다. 동굴은 길이 약 12미터, 넓이 3~4.5미터, 높이 6미터 정도이며, 신성의식이 이곳에서 펼쳐졌다. 전통적 믿음에 따라 동굴에는 여성의 접근이 금지돼 있다. 부르한 곶 주변에서는 음주, 낙서, 고성방가도 금하고 있다.

위치 후지르 인포메이션 센터에서 도보 15분

GPS 53.204236, 107.341070

More&More

부르한 곶의 전설

고대 샤먼들의 전설에 따르면, 탱그리스Tengris라는 신에게는 열세 명의 아들들이 있었다. 이들이 사람들을 심판하기 위해 이 땅에 내려와 머물 곳을 고심하다가, 그들 중 가장 힘이 센 첫째 아들, 한 후테바바이Han khute-baabay가 알혼 섬 부르한 곶의 동굴로 정하고 이곳에서 기거했다. 이후 한 후테바바이는 샤먼들의 왕으로 받들어졌고, 이곳은 가장 신성한 곳 중 한 곳이 되었다.

부르한 곶 100배 즐기기

부르한 곶 안내판에는 아래와 같은 글이 소개돼 있다. 글귀를 되새기며 풍경에 몰두하다 보면, 훌륭한 명상의 시간을 갖게 된다.

너의 생각Thoughts을 주시하라. 그것이 말이 될 것이다.
너의 말Words을 주시하라. 그것이 행동이 될 것이다.
너의 행동Actions을 주시하라. 그것이 습관이 될 것이다.
너의 습관Habits을 주시하라. 그것이 개성이 될 것이다.
너의 개성Character을 따르라. 그것이 너의 운명을 좌우할 것이다.

❷

호보이 곶(북부 투어) Cape Khoboy | Мыс Хобой ★★★

알혼 섬의 하이라이트를 즐길 수 있는 투어로, 이곳에서만 볼 수 있는 4륜구동 차 '와직Wazik'을 타고 후지르 마을에서 출발, 내륙 초원을 가르고 북부 해안을 따라가며 5개의 절경을 감상한다. 매 장소마다 20~30분간의 자유시간이 주어진다. 운전사가 가이드(영어 불가) 및 점심식사 준비까지 모두 담당한다.

첫 번째 코스에서는 바이칼 호수 건너로 보이는 본토의 해안 절경(마치 악어 옆모습처럼 보인다)과 알혼 섬의 북부 해안선을 감상하게 된다. 두 번째 코스는 제2차 세계대전 당시 포로수용소가 있던 곳이다. 포로들은 이곳으로 실려 오는 오물Omul(바이칼 부근에서만 나는 민물고기)을 받아 가공하는 노동을 수행했는데, 포로수용소나 해당 시설들은 남아 있지 않지만, 오물 수송선이 정박했던 흔적(바다 위로 돌무더기들이 쌓여 있다)이 남아 있다. 이곳에는 모래사장이 잘 발달돼 있어, 영락없이 바닷가로 느껴진다.

세 번째 코스는 알혼 섬에서 염력이 강한 곳 중 하나로, 샤먼들의 흔적을 짐작할 수 있는 오색 띠가 매어져 있고 절경 역시 훌륭하다. 네 번째 코스는 알혼 섬 최북단에 있는 호보이 곶이다. 이곳에서는 1시간가량 트레킹을 즐기며 점심식사를 하게 된다. 식사는 오물을 넣어 끓인 감잣국, 빵 2종류, 샐러드, 티 정도로 간단하다. 다섯 번째 코스는 일명 '하트 절벽'이라고도 하는데, 바위가 양쪽으로 갈려 하트 모양을 이룬다.

위치 후지르 인포메이션 센터나 숙소에 하루 전에 예약하면, 투어 당일 숙소로 픽업하러 온다.
운영 10:00~17:00
요금 1,100RUB~(점심식사 포함, 국립공원 입장료 100RUB 불포함)
GPS 53.412070, 107.790188

다섯 번째 코스에서 바라본 호보이 곶

첫 번째 코스

두 번째 코스

세 번째 코스

네 번째 코스

다섯 번째 코스

Special Tour 02

다양한 볼거리와 액티비티로 바이칼을 즐긴다
리스트비얀카(Listvyanka | Листвя́нка)

바이칼 호수는 꼭 보고 싶지만 3일의 시간을 낼 수 없는 사람들이 당일, 혹은 1박 2일로 바이칼 호수를 경험할 수 있는 최적의 장소다. 리스트비얀카는 이르쿠츠크에서 1시간 30분 거리에 위치해 있는 호수 마을로, 바이칼의 호숫가를 걷거나 유람선을 타며 호수의 질경을 즐길 수 있다. 리프트를 타고 전망대에 올라 바이칼 호수를 내려다보고 바이칼 호수에서만 나는 민물고기인 오물을 맛보는 것도 좋다. 페리를 타고 포트 바이칼Port Baykal로 넘어가면 바이칼 호수의 진면목을 좀 더 확실하게 느낄 수 있는 포트 바이칼 트레킹도 가능하다.

© Marcin Konsek

© Natonik

1. 드나들기

이르쿠츠크 공영 시외버스 터미널에서 리스트비얀카행 공영 시외버스(111루블)를, 중앙시장 앞에서 사설버스(버스 앞 유리에 '리스트비얀카 Листвянка 혹은 Listvyanka'라는 팻말 있음. 30분마다 출발, 140루블)를 이용하면 된다. 공영 시외버스 스케줄 확인 및 예약 방법은 p.42 참고. 이르쿠츠크로 돌아올 때에는 마약Mayak 호텔 앞에서 탑승한다. 참고로 딸찌 목조박물관이 리스트비얀카에서 30분 거리에 위치해 있다. 방문하고 싶다면 리스트비얀카를 오가는 길에 딸찌 목조박물관 앞에서 하차하면 된다.

Tip 1

리스트비얀카 인포메이션 센터
Listvyanka Infromation Centre

마약 호텔 앞에 가장 큰 인포메이션 센터가 있다. 리스트비얀카 마을 지도를 비롯해 각종 정보를 얻을 수 있다. 바이칼 호수나 알혼 섬 투어 예약이 가능하다. 마약 호텔 도착 1km 전 지점(올가 게스트하우스 근처)에도 동일한 서비스를 제공하는 인포메이션 센터가 하나 더 있다.

2. 리스트비얀카 둘러보기

이르쿠츠크를 출발한 버스의 종착점은 리스트비얀카의 마약 호텔 앞이다. 호텔 앞에 리스트비얀카 인포메이션 센터가 있어, 이곳에서 투어(바이칼 유람선 투어, 알혼 섬 투어 등)를 예약하거나 각종 정보를 얻을 수 있다. 그 외 ATM, 약국, 가게나 식당, 생선시장 등이 근처에 있어 편리하다. 바이칼 호수에서만 사는 물범 '네르파Nerpa'를 볼 수 있는 바이칼 해양박물관, 바이칼 호수가 한눈에 내려다보이는 체르스키Cherskiy 전망대, 트레킹 코스를 즐길 수 있는 포트 바이칼을 방문할 계획이라면 종점 도착 한 정거장 전인 바이칼 해양박물관 앞에서 내려야 한다. 바이칼 해양박물관과 마약 호텔 간 거리는 4km가량 되며 도보로 1시간 정도 걸린다.

© Marcin Konsek

3. 투어 프로그램

1시간 보트 투어

리스트비얀카 앞 바다를 돌면서 바이칼 호수의 전경을 감상한다. 영어가 가능한 가이드가 동행해 관련 설명을 들을 수 있다. 600루블.

3시간 보트 투어

포트 바이칼을 지나 환 바이칼 열차의 일부 구간까지 다녀오는 코스다. 열차 터널 근처에 내려 1시간 정도 터널 트레킹을 하고 다시 돌아오기 때문에, 1시간 보트 투어보다 바이칼 호수를 좀 더 제대로 즐길 수 있다. 오후 2시에 출발하지만, 시즌에 따라 시간이 변경되거나 출발하지 않을 수 있다. 2,500루블.

알혼 섬 투어

리스트비얀카에서 보트를 타고 알혼 섬을 다녀오는 1일 투어다. 보트 탑승시간이 긴 반면, 알혼 섬 자체를 즐기기에는 시간이 부족해 리스트비얀카 인포메이션 센터에서도 추천하지 않는다. 비수기에는 거의 출발하지 않는다. 5,000루블.

기타

슬류단카 서쪽에 있는 아르샨Arshan 마을(사얀 산맥 아래 위치한 작은 온천마을) 투어나 페샤나야Peschanaya 만(해변처럼 모래사장이 잘 발달해 있어 '샌디 베이Sandy Bay'라고도 불린다)을 돌아보는 1일 보트 투어 등을 예약하거나, 리스트비얀카 출발–이르쿠츠크 도착 페리 정보(www.vsrp.ru 참조)를 얻을 수 있다.

4. 숙소 잡기

편의시설이 집중돼 있고, 교통이 편리하며 시설도 괜찮은 **마약 호텔**이 가장 인기가 좋다. 그 외 숙소들은 마약 호텔과 바이칼 해양박물관 중간쯤에 흩어져 있다. 저가 숙소 중 가장 인기 좋은 **올가 게스트하우스**Olga's Baikal Guesthouse는 바이칼 해양박물관에서 3km, 리스트비얀카 인포메이션 센터에서 1km 떨어져 있다. 훌륭한 조식이 포함돼 있고 시설도 깨끗하고 호스트도 매우 친절하다. 도미토리를 찾는다면 벨카 호스텔Belka Hostel도 괜찮다.

마약 호텔

올가 게스트하우스

올가 게스트하우스

5. 리스트비얀카의 먹거리 & 살 거리

이 지역의 특산품인 **오물**은 절대 놓치지 말자. 바이칼 생선시장에 가면 구운 오물을 판매하는데, 꽁치 비슷한 맛이 난다. 개당 100루블. 이곳 시장에서는 각종 기념품도 판매한다. 바이칼 호수의 귀염둥이 물범, **네르파 인형**이 특히 인기다.

6. 일정

리스트비얀카는 1일 혹은 1박 2일 정도의 계획으로 다녀오기 좋은 곳이다. 리스트비얀카에서 볼거리는 바이칼 해양박물관, 체르스키 전망대 정도며, 유람선을 타거나 호숫가를 걷고 오물을 맛보는 것으로 정리할 수 있다. 겨울에는 시베리안 허스키가 끄는 썰매도 탈 수 있다(바이칼 개썰매 센터Baikal Dogs Sledding Centre에 문의, www.facebook.com/Baikalsled). 시간을 좀 더 낼 수 있다면, 포트 바이칼 트레킹을 강력하게 추천한다. 바이칼 해양박물관 앞 부두Rogatka Pier에서 페리를 타고 포트 바이칼로 넘어가 환 바이칼 열차 선로를 따라가며 바이칼 호수 주변의 작은 마을까지 돌아볼 수 있다.

1일 (당일치기 코스 가능)
08:30 이르쿠츠크 출발 ··· 10:00 **바이칼 해양박물관** ··· 11:00 **체르스키 전망대** ··· 12:30 **바이칼 생선시장에서 점심식사** ··· 14:00 보트 투어 혹은 호숫가 산책

2일 오전 **포트 바이칼 트레킹** ··· 오후 **딸찌 목조박물관** ··· 밤 이르쿠츠크 도착
(포트 바이칼 페리 시간에 따라 일정을 조정한다)

© Baikal Dogs Sledding Centre

© Baikal Dogs Sledding Centre

포트 바이칼 ↔ 리스트비얀카Rogatka Pier 페리 시간표(양방향 동일)

날짜	운행시간
1월	08:30, 09:10, 15:50, 16:15, 17:15, 18:15
2 · 3월	08:30, 09:10, 17:15, 18:15
4월 1일~5월 15일	06:40, 08:15, 15:50, 16:15, 17:15, 18:15
5월 16일~6월15일	06:40, 08:15, 10:45, 11:15, 15:50, 16:15, 17:15, 18:15
6월 16일~9월 15일	06:40, 08:15, 10:45, 11:15, 15:50, 16:15, 17:15, 18:15, 20:15, 20:45
9월 16일~10월 15일	06:40, 08:15, 10:45, 11:15, 15:50, 16:15, 17:15, 18:15
10월 16일~12월	08:30, 09:10, 15:50, 16:15, 17:15, 18:15
※ 시간표는 변동될 수 있으므로 홈페이지(www.vsrp.ru) 및 현지에서 재확인 필수. 편도 60루블.	

❶ 포트 바이칼 트레킹 Port Baikal | Порт Байкал ★★★

포트 바이칼은 앙가라 강 입구 좌안, 환 바이칼 열차의 종착점에 위치한 작은 마을이다. 이곳은 이르쿠츠크와 바이칼 지역 간을 오가던 철도가 건설됐던 20세기 전반에 형성돼 본토와 바이칼 호수 맞은편 도시 간 물자 수송에 큰 역할을 담당했다. 하지만 이르쿠츠크에 수력발전소가 건설되고, 앙가라 강변에 있던 이르쿠츠크-포트 바이칼 간 철로가 물에 잠기게 되자, 현재는 환 바이칼 열차 선로 일대의 거주지만 남게 되었다. 리스트비얀카에서 페리를 타면 15분 후 포트 바이칼 선착장에 도착하고, 오른쪽 방향으로 포트 바이칼 기차역이 보인다. 이곳은 환 바이칼 열차 종착역으로, 기차역 내에는 증기기관차 모형이 있어 포토존으로 인기가 좋다. 한적한 철길을 따라 다시 서쪽 방향으로 내려가면 바이칼 호수와 그 일대의 아름다운 경관들을 감상할 수 있다. 포트 바이칼 기차역 한 정거장 전 역인 'O.P. 74km'역(역명은 이르쿠츠크 기차역에서 해당 지점까지의 거리를 나타낸다)까지는 약 1.3km의 거리로, 도보 15분 정도가 걸린다. 이곳에는 작은 마을도 형성돼 있어, 바이칼 호숫가 사람들의 생활 모습을 엿볼 수 있다. 마을 뒤편으로 자작나무 숲이 발달해 있어 산림욕하기에도 좋다. 철길을 따라 좀 더 서쪽으로 가면서 조브시카Zobushka 곶을 지나고 '78km'역까지 가는 약 5km 구간이 일반적인 트레킹 코스다. 시간이 많지 않고 걷는 데 자신이 없다면 포트 바이칼 기차역부터 '74km'역 마을까지 가볍게 걷도록 하자. 이것만으로도 바이칼 호수를 즐기기엔 충분하다.

위치 바이칼 해양박물관 앞 차도를 건너 오른쪽으로 난 작은 길을 내려가면 리스트비얀카 페리 선착장이 나온다. 포트 바이칼에서 나와 이르쿠츠크로 돌아갈 때는, 다시 차도를 건너 버스 표지판 아래 서 있다가 버스가 지나갈 때 손을 흔들면 된다 (이곳을 지나가는 미니버스는 대부분 딸찌 목조박물관을 거쳐 이르쿠츠크 중앙시장까지 간다).

GPS 51.870376, 104.809333

❷ 바이칼 해양박물관 Baikal Museum | Байкальский музей ★★☆

러시아 과학연구원 산하 국립해양박물관으로, 바이칼 지역의 생태연구에 초점을 두고 있다. 전시실에는 바이칼 호수 및 일대의 토양, 동식물 환경 및 해양 연구자료 등을 전시하고 있다. 이곳의 하이라이트는 바이칼 호수에서만 사는 귀여운 물범, 네르파를 수족관에서 직접 볼 수 있다는 것! 2마리의 네르파가 끊임없이 수족관을 헤집고 다니는 모습은 부실한 전시물 대비 비싼 입장료도 감안하게 만든다. 또한 잠수함 모형의 영사실에서 바이칼 호수 바닥까지 내려가며 촬영된 슬라이드를 관람할 수 있는데, 실제 잠수함을 타고 호수로 들어가는 듯한 느낌이 들어 꽤 흥미진진하다.

주소 ul. Akademicheskaya, 1A, Listvyanka
위치 이르쿠츠크나 리스트비얀카에서 버스를 타고 바이칼 해양박물관 앞에서 하차
운영 09:00~19:00(6월 15일~8월 20일 08:00~21:00)
요금 500RUB(잠수함 영사실 포함)
홈피 www.bm.isc.irk.ru
GPS 51.868229, 104.831921

❸ 체르스키 전망대 Cherskiy Stone | Камень Черского ★★★

바이칼 해양박물관 뒤, 755m 높이의 산꼭대기에 바이칼 호수를 향해 나 있는 바위 전망대를 말한다. 이곳의 이름은 바이칼 지역의 생태연구에 큰 공헌을 한 과학자 이반 체르스키Ivan Chersky에게서 따온 것으로, 전망대에서 내려다보는 포트 바이칼과 바이칼 호수의 전망이 매우 훌륭하다. 이곳은 부랴트족이 샤머니즘 전통에 따라 기도를 올리고 주술행위를 펼쳤던 영험한 곳으로도 알려져 있다. 전망대 일대에는 각자의 소망을 적은 알록달록한 리본들이 빼곡하게 매달려 있는데, 간혹 한글도 눈에 띈다.

위치 바이칼 해양박물관 뒤쪽으로 난 길을 따라 산 위로 올라가면 된다. 구글 맵스를 이용하면 되는데, 해양박물관에서 전망대까지 2km, 도보 약 35분 정도 걸린다. 중간 지점인 이스트랜드(Eastland)에서 스키 리프트를 이용하면 좀 더 수월하다. 편도 300RUB. 우천 시 50% 할인된다.
GPS 51.877506, 104.837166

❹

알렉산드르 밤필로프 기념비

Monument to Alexander Vampilov | Памятник Александру Вампилову ★☆☆

러시아의 희곡작가 밤필로프는 안톤 체호프에 비견될 만큼 저력 있는 인물로, 이르쿠츠크에서 태어나 이르쿠츠크 대학교를 졸업, 이르쿠츠크 신문사 사무총장까지 역임하는 등 뼛속까지 이르쿠츠크인이었다. 그는 바이칼 호수를 사랑하여 이곳에서 많은 영감을 받았다고 한다. 1972년 35번째 생일을 맞이하기 2일 전 한 친구와 함께 낚시를 왔다 배가 폭풍우에 뒤집히면서 사망하게 되었다. 이 기념비는 그가 사망한 곳에 세워진 것으로, 여기서 그 유명한 **샤먼 바위**를 볼 수 있는 데다 전망도 좋다.

위치 바이칼 해양박물관 앞 도로를 건너 오른쪽으로 300m

GPS 51.869115, 104.829210

샤먼 바위 © Octago

More&More

샤먼Shaman 바위의 전설

아주 먼 옛날, 바이칼 신에게는 아름답고 마음씨 고운 딸이 하나 있었다. 그녀의 이름은 앙가라였고 바이칼은 336명의 아들들(바이칼 호수로 흘러오는 강의 개수)보다 그녀를 아꼈다. 어느 날, 바이칼이 잠든 사이 앙가라는 사모해오던 북극의 젊은 연인 예니세이를 찾아 나섰고, 잠에서 깬 바이칼은 높은 파도를 일으키며 분노했다. 폭풍우가 치고 산이 무너지면서 돌이 날아가 도망가던 앙가라의 목구멍을 쳐 그녀는 죽기 일보 직전이었다. 심한 갈증에 물을 호소하는 앙가라에게 바이칼은 "물은 없다, 앙가라. 수천 년간 네가 흘릴 눈물이 네 갈증을 잠재우며 예니세이로 흘러들 것이다." 앙가라의 목을 쳤던 돌은 그 자리에 박혀 샤먼 바위가 되었고, 바이칼 호수에서 시작된 앙가라 강은 이르쿠츠크를 지나 북극으로 유유히 흘러가고 있다.

❺

바이칼 생선시장 Baikal Fish Market | Байкальский Рынок

주로 관광객들을 대상으로 생선을 판매하는 시장이다. 생물보다 말린 생선과 바이칼에서만 나는 민물고기, 오물 구이가 주요 품목이다. 저렴하면서도 맛있는 오물 구이(1마리당 100루블)를 맛볼 수 있는 최적의 장소로, 입구 한쪽에서 샤슬릭과 빵 혹은 밥을 추가 구입하면 한 끼 식사로도 손색이 없다. 시장 한편에는 기념품도 판매하는데, 바이칼 호수에 사는 물범인 네르파 인형이 단연 인기다.

위치 마약 호텔에서 동쪽으로 도보 5분

GPS 51.844547, 104.876970

Special Tour 03

호숫가를 달리는 낭만의 기차여행
환(環) 바이칼 열차(Circum-Baikal Railway | Кругобайкáльская железéзная дорóга)

오직 시간은 단 하루, 바이칼 호수를 쉽고 편하게 즐기는 방법을 찾는다면, 환 바이칼 열차만큼 좋은 방법은 없을 것이다. 바이칼 호숫가 굽이굽이 굴곡진 해안선을 따라 열차를 타고 가며 창밖 풍경을 감상하는 것이다. 바다 같은 호수, 짙푸른 하늘, 마을도 지나고 철교도 지나고 터널도 지난다. 열차에 따라서 가이드의 안내(러시아어)에 따라 철길도 걷고 터널도 건너며 산책과 휴식의 시간도 가질 수 있다.

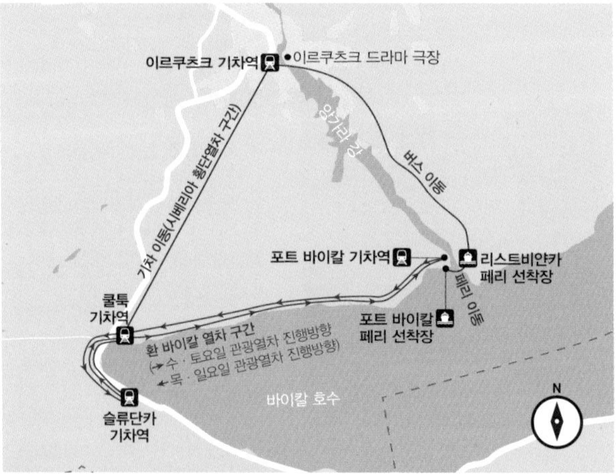

1. 환 바이칼 철도

20세기 초 완공된 바이칼 철도는 본래 이르쿠츠크에서 시작해 앙가라 강과 바이칼 호수를 따라 쿨툭Kultuk, 슬류단카Slyudyanka를 지나 바부시킨 미소바야Babushkin Mysovaya 역에서 끝났다. 하지만 20세기 중반 앙가라 강에 수력발전소가 건립되면서 앙가라 강변의 철도들이 물에 잠기고, 모스크바와 극동지역을 잇는 시베리아 횡단열차는 이르쿠츠크에서 내륙을 가로질러 쿨툭, 슬류단카로 연결되는 지금의 모습을 띠게 되었다. 20세기 후반에 들어서면서 관광산업에 눈을 뜬 러시아 정부는 쿨툭부터 포트 바이칼 기차역까지의 선로를 보수하여 '환 바이칼 철도'라 이름 짓고, 관광열차와 지역주민들의 일반(교통)열차를 운행하고 있다.

2. 환 바이칼 열차 타는 방법

환 바이칼 관광열차

바이칼 호수 관광을 목적으로 한 특급열차다. 철교나 다리, 마을 등 특색 있는 곳에서 하차할 수 있다. 적게는 20분, 많게는 1시간 30분 동안 사진을 찍거나 산책을 하며 자유시간을 갖는다. 겨울철에는 운행하지 않는다. 환 바이칼 관광열차는 매년마다 운행시작일이 다르고 일정이 변경되므로 홈페이지에서 미리 확인해야 한다.

요금 1인 5,000RUB(모든 교통편 요금 포함, 점심 불포함, 러시아 가이드 추가, 캐리어 소지 시 추가요금 250RUB)

홈피 www.tutubaikal.tilda.ws(구글 크롬에서 한글 자동 번역 이용)

❶ 스케줄

수 · 토요일 운행

07:45 이르쿠츠크 기차역 출발
10:05 슬류단카 기차역 도착
10:45 환 바이칼 관광열차 환승, 바이칼 호수 관광
18:35 포트 바이칼 기차역 도착
⋯→ 페리 탑승 ⋯→ 리스트비얀카 도착(관광 없음), 버스 탑승
21:30 이르쿠츠크 도착

목 · 일요일(위 스케줄의 역방향으로 진행됨)

07:30 칼 마르크스 거리에 있는 이르쿠츠크 드라마 극장에서 버스 출발
20:35 이르쿠츠크 기차역에서 종료

❷ 매표소

투투 바이칼 여행사Ту-Ту Байкал **사무소**(ul. Stepana Razina, 26, Irkutsk, 이르쿠츠크 미술관에서 도보 4분)나 **이르쿠츠크 기차역 3번 출입구 1층**에서. 월~금요일 09:00~19:00, 토요일 10:00~16:00

환 바이칼 일반(교통)열차

바이칼 호숫가에는 크고 작은 마을들이 형성돼 있는데, 이 열차는 이곳 주민들을 위한 대중교통이라 할 수 있다. 관광열차에 비해 가격이 저렴하다는 장점이 있는 반면, 승하차가 자유롭지 못해 바이칼 호수는 창밖 풍경으로만 즐겨야 한다. 주의할 점은 종착점인 포트 바이칼 기차역에서 내려 리스트비얀카로 건너가려면 페리 탑승시간을 반드시 확인해야 한다는 것. 6월 16일부터 9월 15일 사이에만 오후 7시 이후 운행하는 페리가 있다.

요금 이르쿠츠크–슬류단카 구간 150RUB 전후, 슬류단카–포트 바이칼 구간 100RUB 전후, 포트 바이칼–리스트비얀카 페리 편도 60RUB

❶ 스케줄

월, 목, 금, 일요일만 가능

09:21 이르쿠츠크 기차역 출발
12:31 슬류단카 기차역 도착
13:29 포트 바이칼행 6201호 열차 슬류단카 1 출발
13:41 슬류단카 2 출발
13:59 쿨툭 출발
⋯▸ Sharyzhalgaay ⋯▸ Marituy ⋯▸ Shumikha ⋯▸ Ulanovo
18:23 포트 바이칼 기차역 도착
20:15 (혹은 20:45) 포트 바이칼 페리 탑승,
15분 후 리스트비얀카 바이칼 해양박물관 앞 선착장 하선

※ 역방향 운행은 심야운행이라 관광용으로 부적합하다.

※ 이르쿠츠크 공영 시외버스 터미널에서 오전 11시에 출발하는 버스(173루블)를 타면 2시간 후에 슬류단카에 도착하는데 기차 환승시간이 넉넉지 않다. 이때에는 쿨툭에서 내려 열차를 타는 것이 좋다.

※ 정확한 열차 스케줄은 러시아 철도청 홈페이지(pass.rzd.ru)에서 재확인 필수. 출발역은 Sliudianka 1, 도착역은 Baikal로 한다.

❷ 매표소

각 기차역 매표소

© A. L. loading

3. 기타 정보

주의사항

❶ 관광열차든 일반(교통)열차든 점심이나 간식거리, 음료수 등은 미리 준비해가는 것이 좋다.
❷ 일반(교통)열차로 여행할 때, 리스트비얀카로 나오는 페리를 타지 못했다면 포트 바이칼에서 1박을 해야 한다. 숙박예약 사이트를 이용해 미리 준비하거나 포트 바이칼 기차역 내 호텔에서 머물면 된다.
❸ 일반(교통)열차로 여행할 때, 리스트비얀카까지 나온다 해도 당일 이르쿠츠크로 돌아가는 버스는 없다. 따라서 리스트비얀카 선착장 가까운 곳에 숙소를 미리 예약해둬야 한다. 참고로 선착장에서 리스트비얀카 시내 중심(마약 호텔)까지는 도보 1시간 정도.

4. 일정

하루밖에 시간이 없는 경우, 무조건 환 바이칼 관광열차를 타야 한다. 2일 정도 시간을 낼 수 있는 경우, 첫날에는 환 바이칼 일반(교통)열차를 스케줄에 따라 소화한다. 이후 포트 바이칼에 숙소를 정하고 1박을 한 후, 둘째 날 다음과 같이 일정을 진행한다. 시간 및 개인의 취향에 따라 바이칼 해양박물관과 딸찌 목조박물관 중 하나를 선택하면 된다.

포트 바이칼 마을 산책 ···› 리스트비얀카행 페리 탑승 ···› **바이칼 해양박물관** ···› **체르스키 전망대** ···› **딸찌 목조박물관** ···› 이르쿠츠크 도착

© Sorovas

Step to Vladivostok

쉽고 빠르게 끝내는 여행 준비

러시아 기본 정보

국가명 러시아 연방 Russian Federation

수도 모스크바 Moscow

면적 및 인구 17,125,407km²(세계 1위), 146,519,759명(세계 9위). 참고로 블라디보스토크의 면적은 600㎢로 605㎢인 서울과 비슷하다.

언어 러시아어, 키릴 문자Кириллица 사용

종교 러시아 정교(정교 사원에 입장한다면 남자는 모자를 벗고, 여자는 스카프를 이용해 머리를 가려야 한다. 짧은 하의는 금물)

통화 러시아 루블(RUB)로, **1루블은 약 17원** 정도 한다(2019년 6월 기준).

팁 팁 문화는 따로 없지만 보통 식당에서는 서비스 만족도에 따라 **음식값의 5~10%, 호텔에서는 1달러 정도를 지**불하는 것이 일반적이다.

전압 **220V, 50Hz.** 우리나라 콘센트 모양과 동일하여 변환 어댑터는 가져갈 필요가 없다.

기후 및 복장 **겨울이 길고 여름이 짧은 대륙성 기후다**(10월부터 초겨울 날씨를 보이며, 6월이 돼야 봄기운이 돈다). 겨울은 우리나라보다 훨씬 춥고(영하 10℃ 이하가 기본), 여름은 한국보다 덜 덥지만(23℃ 정도) 최근 이상 기후로 30℃가 넘을 때도 많다. 우리나라가 봄과 가을일 때도 러시아는 여전히 겨울이다(외투 필수). 겨울에는 모자, 머플러, 장갑이 꼭 필요하며, 눈이 녹아 질척이는 곳이 많으므로 방수가 되는 부츠가 유용하다.

비행시간

대한항공 직항 편을 이용할 경우 2시간 40분이 소요된다.

시차

서울과 블라디보스토크는 +1시간(서울이 오후 2시일 때 오후 3시), 이르쿠츠크, 하바롭스크와는 −1시간(서울이 오후 2시일 때 오후 1시)의 시차가 있다. 블라디보스토크와 모스크바(상트페테르부르크)와의 시차는 −6시간이다. 러시아 내에서만 9개의 시간대가 있기 때문에 러시아 기차 출도착 시간은 모스크바 시간을 기준으로 한다.

전화

한국에서 러시아로 전화 걸 때

통신사별 국제전화 접속번호(001, 00700 등) + 7(러시아 국가번호) + (러시아 지역번호) + 전화번호

[러시아 지역번호: 블라디보스토크 4232, 하바롭스크 4212, 이르쿠츠크 3952, 모스크바 495, 상트페테르부르크 812]

러시아에서 한국으로 전화 걸 때

8–10(국제전화 접속번호) + 82(한국 국가번호) + 2(번호에서 처음 0은 제외) + 전화번호

유심 칩

여느 유럽과 마찬가지로, 러시아 통신사의 유심 칩을 끼우면 스마트폰 사용이 자유롭다. 러시아의 대표 통신사는 붉은색 마크의 MTC와 노란색과 검정색 선이 섞여 있는 꿀벌 마크의 비라인Beeline, Билайн이다. 통신사는 공항 및 시내 곳곳에 위치하며 사용기간과 지역, 데이터 용량 등에 따라 최소 250루블에서 600루블까지 매우 저렴하다. 유심 칩 구입 시 여권이 필요하며, 그 자리에서 바로 유심 칩을 교체해 작동 여부를 확인하도록 한다. 참고로 비라인이 좀 더 저렴하지만 MTC가 수신율은 더 좋다.

러시아 긴급연락처

소방(화재 및 구조) 101
경찰(사건사고) 102
구급차(응급실) 103
긴급전화 통합번호 112

[영어 안내 멘트에 따라 소방은 1번, 경찰은 2번, 구급차는 3번을 누른다. 112는 휴대폰으로만 통화 가능]

SOS

국경일

1월 1일 신년휴일
1월 7일 러시아 정교 성탄절
2월 23일 조국수호자의 날
3월 8일 국제여성의 날
5월 1일 노동절
5월 9일 전승기념일
6월 12일 독립기념일
11월 4일 국민화합의 날

간추린 러시아 역사 이야기

8세기경 동유럽 지역에서 살던 동 슬라브족과 9세기 스칸디나비아 반도의 바이킹족 후손인 바랑고이족이 동화되어 키예프 지역에 국가(키예프 공국)를 설립하면서 본격적으로 러시아의 역사가 시작된다.

988년 키예프의 대공 블라디미르 1세는 동방정교를 국교(러시아 정교)로 지정하면서 국가통합을 위해 노력하였다. 하지만 그가 죽은 이후 내분이 시작되었고 블라디미르, 모스크바 등 여러 도시국가들이 탄생하게 된다.

13세기 전반 끈질긴 몽고족의 침입으로 키예프 지역은 240년간 몽고 타타르족의 지배를 받게 된다. 이 시기 모스크바 공국은 크게 성장하고 이반 3세 때 이르러 러시아 전역을 병합해갔고, **1480년에는** 몽고 타타르족까지 몰아낸다.

전제군주제가 들어서고 이반 4세 때부터 차르(황제)Царь라는 전제군주의 명칭이 사용되었다. 하지만 왕위계승전, 농민반란, **1610년** 폴란드의 침입 등으로 혼란의 시기를 겪게 되고, **1613년** 로마노프 왕조가 들어서면서 300년에 걸친 러시아 제국의 화려한 역사는 시작됐다.

대대적인 영토확장 정책으로 현재의 러시아 영토 대부분을 손에 넣게 된 표트르 대제는 **1703년** 네바 강 유역에 지금의 상트페테르부르크를 건설하고 수도로 삼았다. 그리고 유럽과의 경제, 문화교류를 강화했고 해군을 중심으로 국방을 튼튼히 했다. 정치적으로는 강력한 전제군주제를 유지해 농민들의 반감을 사기도 했다.

1812년 조국전쟁에서 나폴레옹의 침입을 격퇴하며 국제적으로 지위를 강화해나갔지만, 유럽의 자유주의 사상이 유입되면서 지식인들의 사회비판이 고개를 들기 시작했다.

19세기 중반 알렉산드르 2세는 농노제 폐지와 같은 개혁정책을 선보였지만 암살되었고, 경찰권이 강화되면서 강력한 절대적 전제군주제로 회귀하였다.

1905년 러일전쟁의 패배와 피의 일요일 사건(정부의 노동자 시위대 발포 사건) 후, 시위와 총파업 등 사회적 혼란이 가속화되고, 제1차 세계대전(독일의 침입–대조국 전쟁)으로 민생까지 파탄 나자 1917년 2월 혁명(3월 혁명이라고도 불린다)이 발발하고 제정은 붕괴되었다.

1917년 11월에는 레닌이 이끄는 프롤레타리아 혁명(10월 혁명이라고도 불린다)이 성공하고 공산주의 정권이 들어서면서 모든 것을 국영화하고 종교, 문화, 예술을 통제했다. 레닌 이후 스탈린이 집권하면서 러시아, 우크라이나, 벨라루스, 아제르바이잔, 조지아 등으로 이뤄진 소비에트 사회주의 연방공화국(소련)이 탄생하였다.

제2차 세계대전 이후에는 미국과 대립하며 '자본주의 대 사회주의'라는 냉전체제를 이끌었다. 하지만 경제침체가 극대화되면서 1985년 고르바초프는 개방과 개혁의 기치 아래 시장경제도입과 무역확대를 추진해 나갔다. 1992년에는 소련을 구성하던 공화국들이 독립을 선언하면서 지금의 러시아 연방이 탄생하게 되었다.

러시아 여행 준비

러시아 여행을 계획 중이지만 어떻게 여행을 준비해야 할지 막막한 초보 여행자들을 위해 준비 과정을 하나하나 정리해보았다. 항공권은 언제 구입해야 하는지, 호텔은 어떻게 예약해야 하는지, 천천히 준비 과정을 밟아보자.

D-60 여행 그리기

러시아 극동지역으로 목적지를 정했다면 어느 지역을 얼마나 여행할지 생각해보자. 아름다운 자연풍경을 좋아하는 사람이라면 바이칼 호수가 있는 이르쿠츠크가 제격이다. 힘들고 불편한 여행보다 쉬엄쉬엄 쉬면서 먹고 즐기는 여행을 선호한다면 블라디보스토크가 낫다. 유럽의 향취를 마음껏 느끼고 싶다면 하바롭스크를 추가하는 것이 좋다. 시베리아 횡단열차를 경험해보려면 블라디보스토크에서 이르쿠츠크까지(혹은 역방향) 15일 정도가 필요하다. 시간도 부족하고 3박 4일간의 기차 생활도 자신 없다면, 하바롭스크와 블라디보스토크 구간의 야간열차에 도전해볼 수 있다. 구간은 짧아도 시베리아 횡단열차는 맞다.

가고 싶은 지역을 정했다면, 이 책과 온라인 사이트의 각종 여행기 등을 참고하여 그곳에서 보고 싶은 것, 하고 싶은 것을 적어나간다. 지도 위에 표시를 하고 선을 그으면 나만의 동선이 그려진다.

Tip | 여행정보 온라인 카페

러시아의 정보를 가장 많이 갖고 있는 곳은 네이버 카페 '러사모'이며, 기타 유럽 정보는 '유랑'이다. 문의사항에 실시간 댓글 도움을 받을 수 있어 더욱 큰 도움이 된다.

러사모
cafe.naver.com/loverussia

유랑 cafe.naver.com/firenze

네이버 카페 '러사모'

D-50 여권 & 비자, 국제학생증 준비하기

여권

여권은 여행 시기를 기준으로 6개월 이상 유효기간이 남아 있는 것을 권장하며, 서울은 각 구청에서, 지방은 시 · 도청에서 발급받을 수 있다. 여권발급에 소요되는 기간은 5일 정도다. 구체적인 정보는 외교부 여권 안내 홈페이지(www.passport.go.kr) 참고.

비자

러시아는 무비자로 1년에 180일, 6개월에 90일을 체류할 수 있으며 1회 최대 60일을 초과할 수 없다.

국제학생증

국립박물관들을 중심으로 학생 할인이 되는 곳이 많다. ISIC 국제학생증을 기준으로 하지만, 그 외 학생증(학교 이름과 기본 인적사항, 유효기간이 적혀 있으면 됨)도 허용되는 곳이 있다. ISIC 국제학생증을 미처 준비 못했다면 일반 학생증이라도 들고 가보자.

Tip | 여행 중 여권을 분실했을 경우

현지의 한국 대사관 혹은 영사관에 방문해 여행용 임시증명서를 발급받아야 한다. 이때 여권번호와 여권용 사진 2매가 필요하다.

ISIC 국제학생증

D-40 항공권 예약하기

입출국 날짜가 확실하다면 항공권 예약을 서두르자. 스케줄과 가격이 좋은 항공권은 빨리 동난다. 블라디보스토크의 경우, 국내 항공사로는 대한항공과 이스타, 제주항공(저비용 항공)이, 러시아 항공사로는 아에로플로트, 오로라 항공, 시베리아 항공(S7, 저비용 항공) 등이 있다. 항공권 가격 비교 사이트를 이용하면 좀 더 저렴한 항공권을 구할 수 있다.

스카이스캐너 www.skyscanner.co.kr
G마켓 항공권 gtour.gmarket.co.kr

> **Tip | 숙소 예약사이트**
>
> **부킹닷컴** www.booking.com
> **아고다** www.agoda.com
> **익스피디아** www.expedia.co.kr
> **에어비앤비** www.airbnb.co.kr
> **호텔스컴바인**
> www.hotelscombined.co.kr

D-30 숙소 예약하기

러시아는 유럽 치고 숙소비가 저렴하다. 하지만 시내 중심, 관광지 근처라면 사정이 달라진다. 특히 관광 초성수기인 한여름에는 숙박비도 급격히 치솟는다. 블라디보스토크의 경우, 주말에는 숙소를 구하는 것조차 어려울 수 있다. 블라디보스토크는 이미 많은 한국 관광객들이 다녀간 터라 숙소 정보들이 넘쳐난다. 그 외 지역도 나홀로 여행자들이 많이 다녀갔기 때문에 호스텔 정보가 많다. 숙소를 고를 때는 후기를 꼼꼼하게 체크하는 것이 좋다. 특히 한국인들이 추천하는 숙소는 믿을 만하다.

D-7 면세점 쇼핑하기

여행을 앞두고 또 하나의 즐거움이 될 수 있는 것이 바로 시내, 온라인 면세점 쇼핑이다. 할인 혜택과 가격비교를 통해 알뜰하고 똑똑하게 면세점 쇼핑에 도전해보자. 물품은 출국 당일 공항 인도장에서 받을 수 있다.

D-5 환전하기

한국에서 달러로 환전 후 현지에서 러시아 루블로 환전하면 된다. 유로나 중국 위안화도 현지 환전이 가능하지만, 환율은 달러가 가장 좋다. 편리성을 우선시한다면, 현지 ATM에서 바로 러시아 루블을 인출할 수 있도록 해외직불 카드를 챙기자. 수수료가 적은 카드로는 하나 비바G카드와 우리 썸 체크카드 등이 있다. 작은 로컬 레스토랑, 소액 지불이 아니라면 신용카드 사용도 자유롭다.

> **Tip | 환율 우대 받기**
>
> 서울역에 위치한 우리은행과 기업은행은 환전 수수료가 가장 저렴한 곳으로 유명하다. 하지만 대기시간이 매우 길고 따로 교통비도 발생해 비효율적이다. 환전우대 쿠폰을 사용하거나 주거래 은행, 혹은 써니뱅크, 위비톡 같은 은행 애플리케이션 환전을 추천한다.

D-2 짐 꾸리기

여행에서 필요한 물건 리스트를 작성해보자. 리스트가 완성되면 물건들을 하나씩 체크해가며 짐을 꾸린다. 보통 수화물은 1인당 1개(23kg 전후, 항공편에 따라 다름)만 허용된다. 액체류는 기내 반입이 불가하므로 수화물 캐리어에 넣고, 보조 배터리는 기내 반입용 가방에 넣는다. 화장품 같은 100ml 미만의 액체는 지퍼 락(가로세로 20cm 이하)에 넣어 기내에 반입할 수 있다.

D-1 인터넷 여행자보험

현지에서 사용한 의료비 및 도난 물품에 대해 보상받을 수 있는 보험이다. 최근에는 의료실비보험 가입자가 늘어나면서, 2중 보상 불가 항목을 빼고 좀 더 저렴하게 보험료가 책정된 상품들이 등장하고 있다. 귀국 후 보험청구를 하려면, 현지 증빙서류들이 필요하므로, 보험 증권을 꼼꼼하게 읽어둔다. 공항 내 보험회사 부스에서 가입신청도 가능하지만, 대기시간이 상당하다. 또한 출국 후 가입은 불가하므로, 인터넷으로 미리 가입하자.

D-Day 출발

드디어 출발이다. 마지막으로 빠놓은 것은 없는지 확인하자(특히 여권!). 비행시간 최소 2시간 전에는 공항에 도착해야 하며, 해당 항공사의 체크인 카운터로 가서 보딩 패스를 받는다. 이후 출국장 입구에서 검색대를 통과한 후 출국심사를 받고 면세구역으로 들어간다. 이때 시간이 많이 걸리므로(오후보다는 오전에 사람들이 많고, 성수기 및 연휴 기간은 특히 심하다) 시간을 넉넉히 갖자. 극동 러시아를 잇는 항공사 중 대한항공은 인천국제공항 제2터미널에서 출발하며, 그 외에는 제1터미널을 이용한다.

준비물 체크리스트

여행을 떠나기 전 기본적으로 챙길 준비물은 아래와 같다. 혹시 빠뜨린 물건은 없는지 체크리스트로 확인해보자.

종류	비고
여권 & 여행 경비	여권, 항공권(E-Ticket), 여권 복사본 & 여권사진(여권 분실 시 현지에서 재발급이 필요하다), 호텔 및 각종 바우처, 여행경비, 신용카드, 국제체크카드, 국제학생증(학생은 필수), 여행자보험(선택사항이지만 추천)
의류	계절 옷(10월부터 초겨울 날씨를 보여 6월이 돼야 봄기운이 돈다), 잠옷, 속옷, 슬리퍼(숙소에서 유용), 모자, 머플러, 장갑(겨울에 필수), 선글라스(여름에 필수)
세면도구	치약, 칫솔, 샴푸, 린스, 기초화장품, 비누와 샤워젤, 수건, 면도기, 자외선 차단제(여름에는 햇빛이 강하다)
의약품	소화제, 진통제, 감기 몸살약(겨울에 필수), 데일밴드, 상처 연고, 위생용품
기타	스마트폰(구글 및 각종 애플리케이션 이용 시 필수), 카메라 및 충전기, 가이드북, 필기구, 보조가방, 비닐 백, 지퍼락, 책(시베리아 횡단열차 탑승 시 필수)

인천공항 이동 및 출국하기

여행 준비를 마치고 드디어 D-day. 여기서는 인천공항을 기준으로 이동하는 방법을 알아본다. 공항에 도착해도 체크인, 면세 쇼핑 등 각종 수속을 해야 하므로 여유 있게 비행기 출발 2~3시간 전에는 공항에 도착하도록 하자.

1. 인천공항으로 이동하기

리무진 버스

인천국제공항으로 이동하는 가장 쉬운 방법이 아닐까. 서울과 수도권 및 각 지역에서 인천국제공항으로 한 번에 오며, 요금은 10,000~15,000원 선. 보통 제1터미널을 먼저 들르고, 그다음 제2터미널에 도착한다. 리무진 버스의 정류장 위치, 시간표, 배차 간격, 요금 등 자세한 정보는 인천국제공항 및 공항 리무진 홈페이지를 통해 알아보자.

홈피 www.airport.kr, www.airportlimousine.co.kr

공항철도

서울역과 인천국제공항을 가장 빠르게 연결하는 교통수단인 공항철도는 크게 직통 열차와 일반 열차로 나뉜다. 직통 열차는 무정차, 지정좌석제로 서울역에서 인천공항 제1터미널까지 43분, 제2터미널까지 51분이 소요되며, 요금은 어른 9,000원, 어린이 7,000원이다. 일반 열차는 14개 역에 모두 정차하는 통근형 열차로 서울역에서 인천공항 제1터미널까지 59분, 제2터미널까지 66분이 소요된다.

홈피 www.arex.or.kr

자가용

자가용 이용 시 인천국제공항으로는 공항 전용 고속도로인 인천국제공항 고속도로를 이용하면 된다. 여객터미널의 버스와 승용차(택시 포함)의 진입로는 분리되어 있으니 도로안내표지를 유념하면서 진입해야 한다. 영종대교(서울 출발) 통행료는 경차 3,300원, 소형차 6,600원, 중형차 11,300원, 대형차 14,600원이다.

택시

시간이 촉박할 경우 이용하게 되는 교통수단이다. 서울역에서 인천국제공항까지 약 5~6만 원의 요금이 나오며, 여기에 통행료는 따로 지불해야 한다. 4인 이상이라면 고려해볼 만하다.

2. 인천공항에서 출국하기

A 항공사 카운터 확인 → B 탑승수속 → C 보안검색 → D 출국수속 → E 탑승

A 항공사 카운터 확인

공항에 도착하면 가장 먼저 3층 출발층에 있는 운항정보안내 모니터에서 탑승할 항공사를 확인한 후 해당 카운터로 이동해 탑승수속을 밟는다.

B 탑승수속

항공사 탑승수속은 보통 출발 2시간 30분 전부터 시작된다. 해당 카운터에 예약항공권(또는 전자항공권E-Ticket)과 여권, 마일리지카드(소지자에 한함)를 제시한 후, 탑승권(보딩 패스Boarding Pass)을 받고, 짐을 부친다. 이때 수화물 보관표(배기지 클레임 태그Baggage Claim Tag)를 주는데 도착 후 짐을 찾을 때까지 잘 보관한다. 간혹 수화물과 수화물표를 대조하는 경우도 있으므로 주의한다.

수화물 부치기

① 100ml 이상의 액체류와 젤류(면세점 구입 제품 제외)는 기내에 반입이 안 되므로 수화물에 넣어 보낸다. 그 이하의 용량은 투명한 지퍼 백에 넣어 휴대하면 좋다.

② 파손되기 쉬운 물건이나 고가의 귀중품, 중요 서류 등은 직접 휴대한다.

③ 비슷한 유형의 가방들이 많아 다른 사람의 것을 가져가는 실수도 종종 발생한다. 자신의 것을 구별할 수 있도록 특별한 표시를 해놓는 것이 좋다.

Tip 항공 마일리지 카드 만들기

마일리지 서비스는 각 항공사(대한항공의 스카이패스/아시아나의 스타얼라이언스)에서 탑승 거리만큼 마일리지를 적립해주고 적립된 마일리지로 실제 항공권을 구입할 수 있도록 하는 서비스다. 대부분의 항공사에서는 출발 전에 카드를 만들어야 마일리지 적립을 해주기 때문에 여행 전 홈페이지에 들어가 미리 카드를 신청해두자.

C 보안검색

항공사 탑승수속을 마치면 출국장으로 이동, 보안요원에게 여권과 탑승권을 보여준 후 출국장 안쪽으로 들어간다. 출국장 안 보안검색대를 통과할 때는 비치된 바구니에 주머니 속 소지품과 노트북은 따로 꺼내 담는다. 휴대 물품과 바구니를 차례대로 엑스레이 검색대 벨트 위에 올려놓고 통과시킨다. 액체류, 젤류, 칼, 가위 등 규정 외의 물품은 압수당할 수 있으니 미리 수화물로 부쳐야 한다.

D 출국수속
보안검색대를 통과하면 바로 출국심사대가 나온다. 대기선 앞에서 차례를 기다린 후, 여권과 탑승권을 제시하고 출국심사를 받거나, 여권과 지문을 인식시키는 자동출국심사대를 거친다.

E 탑승
탑승구Gate에는 탑승권에 적혀진 보딩타임까지 반드시 도착해야 한다. 특히 셔틀트레인을 타고 별도의 청사로 이동해야 하는 경우에는 늦지 않도록 더욱 주의하자. 상황에 따라 탑승구가 변경되기도 하므로 공항 곳곳에 위치한 운항정보 모니터를 꼭 확인한다.

★ 도심공항터미널에서 탑승수속하기

인천국제공항에 도착하기 전, 훨씬 한산한 도심공항터미널에서 미리 탑승수속과 수화물 위탁, 출국심사를 마칠 수 있다(출발시간 3시간 20분 전까지 출국심사 완료 필수). 무거운 짐을 미리 부치고 편리하게 공항까지 이동할 수 있으며, 무엇보다 빠른 출국수속을 받을 수 있다는 장점이 있다. 현재 서울역과 광명역, 코엑스, 수락 4곳에 도심공항터미널이 있으며, 일부 항공사들이 입주해 탑승객의 탑승수속을 서비스하고 있다.

도심공항터미널 체크인 가능 항공사

서울역 터미널 대한항공, 아시아나, 제주항공, 티웨이, 이스타
광명역 터미널 대한항공, 아시아나, 제주항공, 티웨이, 이스타, 진에어, 에어서울
코엑스, 수락 터미널 대한항공, 아시아나, 제주항공, 이스타, 진에어

① 서울역 도심공항터미널 탑승수속
도심공항터미널 도착 → 직통열차 승차권 구입 → 탑승수속(수화물 위탁) → 출국심사 → 직통열차 승차 → 인천국제공항역 도착

② 광명역 · 코엑스 · 수락 도심공항터미널 탑승수속
도심공항터미널 도착 → 탑승수속(수화물 위탁) → 출국심사 → 리무진 티켓 구입 → 리무진 탑승 → 인천국제공항 도착

③ 도심공항터미널 탑승수속 후 인천국제공항에서 출국하기
인천국제공항 도착 → 출국장 측면 전용출국통로 이용 → 보안검색 → 도심공항 이용 승객 전용 출국심사 → 탑승구 이동 → 탑승

*도심공항터미널 이용의 꽃(?)은 전용출국통로이다. 인천국제공항 3층 1~4번 출국장의 일반 통로는 이용자가 많아 대기시간이 긴데, 이 일반 통로에 서지 않고 그 측면에 있는 전용출국통로를 이용하면 한결 수월하다.

러시아 입국하기

A 공항 도착 → B 입국심사 → C 수화물 찾기 → D 세관

A 공항 도착(Arrival)

러시아 입국 시에는 따로 입국카드를 작성하지 않는다. 안전벨트 사인에 불이 꺼지면 승무원의 안내에 따라 짐을 챙겨 내린다. 두고 내리는 물건이 없는지 확인하는 것을 잊지 말자.

B 입국심사(Immigration)

입국심사대로 가 여권을 제출한다. 여권과 함께 돌려주는 입출국카드는 호텔 체크인 및 러시아 출국 시 반드시 필요하기 때문에 잘 보관해야 한다. 분실 시 호텔 이용 및 출국이 불가하며 한국 영사관의 도움을 받아야 한다.

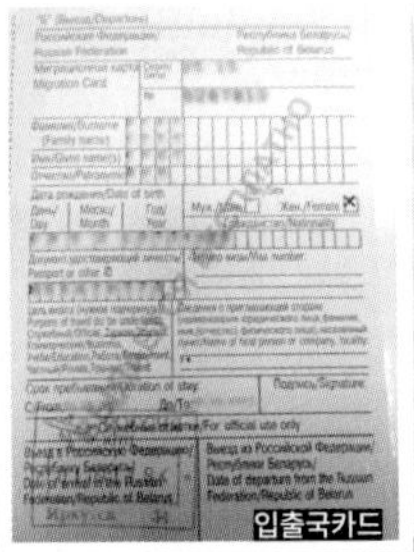

입출국카드

C 수화물 찾기(Baggage Claim)

해당 항공편의 수화물대에서 짐을 찾는다. 공항에 따라서 수화물 태그(배기지 클레임 태그Baggage Claim Tag)를 보여줘야 밖으로 내보내준다. 따라서 수화물 태그는 끝까지 잘 보관해야 한다. 수화물이 분실됐다면, 보관하고 있던 수화물 태그를 가지고 수화물 분실신고를 한다.

D 세관(Customs)

보통은 가볍게 통과시키지만 간혹 면세점 쇼핑 봉투를 보고 붙잡기도 한다. 액체류를 제외한 다른 쇼핑 물건들은 개봉해서 가방에 정리한 후 통과하는 것이 현명하다. 신고할 것이 있으면 주황색 사인 'Goods to declare'로, 신고할 것이 없으면 녹색 사인 'Nothing to declare'로 나간다.

하바롭스크 공항

알아두면 쓸데있는 러시아어

★ 기본표현

안녕하세요	Здравствуйте	즈드라스뜨부이쩨
안녕히 가세요	До свидания	다스비다니야
감사합니다	Спасибо	스파씨바
예/아니요	да/Нет	다/니옛
한국사림 : 남자/여지	корéец/корея́нка	까레이츠/까레얀까
괜찮습니다	ничегó	니취보
죄송합니다	извините	이즈비니찌아
이건 얼마입니까?	Скóлько это стóит?	스꼴꺼 에떠 스또 잇
비싸요	дорого	도라가
여기가 아파요	Здесь болит	즈제시 발릿
추워요	холодно	홀로드너
더워요	жарко	좌르꺼
도와주세요	Помогúте	뽀마기쩨
길을 잃다	потерять дорогу	빠쩨랴쯔 다로구
영어 할 줄 아십니까?	Вы говорите по английски?	븨 가바리쩨 빠 안글리스키

★ 교통

공항	аэропóрт	아예라뽀르뜨
기차역	вокзáл	바그잘
지하철 역	станция метро	스딴찌아 미뜨로
버스 터미널	автовокзáл	아브또바그잘
버스 정류장	Автобусная остановка	아브또부스나야 아스따노프카
메트로	Метро	미뜨로
택시	таксú	딱시
버스	автóбус	압또부스
미니버스	маршрутка	마르슈르뜨까
트램	Трамвай	뜨람바이
트롤리 버스	троллейбус	뜨랄레이부스
기차	поезд	뽀예스뜨
티켓	билéт	빌례뜨

★ 병원 & 약국

병원	больница	발니짜
약국	аптéка	압쩨까
복통	боль в животе	볼 브 쥐봇쪠
두통	головная боль	갈라브나야 볼
소화불량	диспепсúя	디스뻽시아
열	температура	쪰뻬라뚜라
기침	кáшель	까셸
감기	простýда	프라스뚜다
코감기	нáсморк	나스마르크
설사	понóс	빠노스

★ 날짜 & 시간

1월	январь	얀바르
2월	февраль	페브랄
3월	март	마르뜨
4월	апрéль	아쁘레엘
5월	май	마이
6월	июнь	이윤
7월	июль	이율
8월	август	아브구스뜨
9월	сентябрь	씬짜브리
10월	октябрь	악띠아브리
11월	нояўбрь	나야브리
12월	декáбрь	디까브리
오늘	сегóдня	씨붜드냐
내일	зáвтра	자쁘뜨라
어제	вчера	브취라
시간(시, 분)	время	브리에먀
시	час	치아스
분	минута	미누따

★ 기타 단어 & 숫자

호텔	отéль	아뗄
상점	магазúн	마가쥔
식당	ресторáн	레스따란
카페	кафé	까페
경찰서	полицейский участок	뽈리쯔이스끼 우차스따끄
화장실	туалéт	뚜알렛
매표소	кáсса	까사
입구/출구	Вход/Выход	브호뜨/뷔하뜨
환불	возврат	바즈브라뜨
예약	бронирование	브라니로바니야
1	один	아진
2	два	드바
3	три	뜨리
4	четыре	취뜨리
5	пять	뱌찌
6	Шесть	셰스찌
7	Семь	씨엠
8	вóсемь	보씸
9	Девять	졔비찌
10	десять	졔싯찌
20	двáдцать	드밧짜쯔
30	Тридцать	뜨릿짜쯔
40	сóрок	소락
50	пятьдесят	삐찌샷
60	шестьдесят	쉬스지샷
70	семьдесят	셈지샷
80	восемьдесят	보씸지샷
90	девяносто	지비노스따
100	сто	스또

※ 11부터 19까지는 일 단위 단어 뒤에 надцать(낫짜쯔)를 더한다.
예: 11 одúннадцать 아진낫짜쯔 = 1 одúн + надцать

※ 20 이상의 숫자는 십 단위 단어와 일 단위 단어를 합한다.
예: 21 двáдцать одúн 드밧짜짜딘 = 20 двáдцать + 1 одúн

러시아에서 살아남는 서바이벌 영어

★ 공항 & 기내

창가 쪽/통로 쪽으로 주세요.	Window/Aisle seat, please.
저는 앞쪽 좌석에 앉기를 원합니다.	I would like to be seated in te front.
탑승 수속은 몇 시에 합니까?	What is the check-in time for my flight?
다른 비행기로 변경하고 싶어요.	I'd like to change my flight.
비행기가 지연된 이유는 무엇입니까?	What is the reason for the delay?
담요 한 장 주시겠어요?	May I have a blanket?

★ 호텔

체크인을 하고 싶습니다.	I'd like to check in, please.
몰리(이름)로 3일 예약했어요	I made a reservation for three nights under the name of Molly.
전망 좋은 방으로 주세요.	I'd like a room with a nice view.
체크아웃은 몇 시죠?	When is check out time?
짐 좀 맡아주시겠어요?	Could you keep my baggage?
맡긴 짐을 찾고 싶어요.	May I have my baggage?
택시를 불러주시겠어요?	Would you get me a taxi?
다른 방으로 바꿔주세요.	Could you give me a different room?
에어컨이 작동하지 않아요.	This air conditioner doesn't work.
이틀 더 머물겠습니다.	I'd like to stay two days longer.
하루 일찍 떠나겠습니다.	I'd like to leave a day earlier.
체크아웃 좀 부탁합니다.	Check out, please.

★ 택시 & 교통

공항으로 가주세요.	Take me to the airport, please.
공항까지 얼마나 걸리죠?	How long does it take to get to the airport?
호텔 입구에서 세워주세요.	Stop at the entrance to the hotel.
여기가 이 지도에서 어디죠?	Where am I on the map?
실례지만, 지하철역까지 이 길로 가면 되나요?	Excuse me. Is this the way to the subway station?

★ 레스토랑

6시에 3명 예약하고 싶어요.	Can I make a reservation for three at six?
창가 쪽 테이블로 주세요.	We'd like a table by the window, please.
추천 좀 해주시겠어요?	What do you recommend?
이걸로 할게요.	This one, please.
내가 주문한 게 아직 안 나왔어요.	My order hasn't come yet.
요리가 덜 된 것 같아요.	This is not cooked enough.
저는 완전히 익힌 스테이크를 원해요.	I want my steak well-done.
계산서 주세요.	Just the bill, please.
남은 것 좀 싸주시겠어요?	Can I have a doggy bag?

★ 쇼핑

그냥 구경하고 있어요.	I'm just looking.
저것 좀 보여주세요	Would you show me that one?
더 작은/큰 것 없나요?	Do you have a smaller/bigger one?
입어 봐도 돼요?	May I try this on?
얼마예요?	How much is this?
너무 비싸요.	It's too expensive.
깎아주세요.	Can you give me a discount?
이걸로 주세요.	I think I'll take this one.
좀 더 싼 게 있나요?	Have you anything cheaper?
다른 것으로 바꿔주세요.	Can I exchange it for another one?
죄송한데 환불해주세요.	Can I have a refund?
따로따로 포장해주세요.	Please wrap them separately.

★ 위급 상황

저는 영어를 못합니다.	I can't speak English.
한국어 하는 사람 있나요?	Is there anyone who can speak Korean?
교통사고를 당했습니다.	I was in a car accident.
이 근처에 병원이 있습니까?	Is there a hospital nearby?
누군가 다쳤어요!	Somebody is hurt!
분식물 취급소는 어디에 있습니까?	Where is the lost and found?

Index

인덱스 -가나다순-

Travel Note

Travel Note

Travel Note

Travel Note